农村美好环境及幸福生活共同缔造系列培训教材

农村生活污水处理运行维护指南

本书编委会　编写

中国建筑工业出版社

图书在版编目（CIP）数据

农村生活污水处理运行维护指南／《农村生活污水处理运行维护指南》编委会编写．—北京：中国建筑工业出版社，2019.1（2022．4重印）

农村美好环境及幸福生活共同缔造系列培训教材

ISBN 978-7-112-24736-3

Ⅰ.①农…　Ⅱ.①农…　Ⅲ.①农村-生活污水-污水处理-技术培训-教材　Ⅳ.① X703

中国版本图书馆 CIP 数据核字（2020）第 011095 号

为进一步响应并推广住房和城乡建筑部“农村美好环境与幸福生活共同缔造”工作，深入调研农村水环境，结合农村工作的实际，编写本教材。本书围绕农村生活污水处理运行维护这一重点。阐述了农村生活污水的构成、常见处理工艺、治理设施等污水处理基本知识，系统地从设施管网、处理设施终端、运维监控平台、水质监测、安全问题等方面加以描述和规范。教材内容实用价值高，可供广大乡村工作者、各级领导干部、村民学习使用，帮助大家更好地掌握用水知识，科学有序地推进环境保护、实现乡村振兴。

责任编辑：李　慧　李　明

责任校对：李欣慰

农村美好环境及幸福生活共同缔造系列培训教材

农村生活污水处理运行维护指南

本书编委会　编写

*

中国建筑工业出版社出版、发行（北京海淀三里河路9号）

各地新华书店、建筑书店经销

北京鸿文瀚海文化传媒有限公司制版

北京建筑工业印刷厂印刷

*

开本：787×1092毫米　1/16　印张：7½　字数：187千字

2020年6月第一版　2022年4月第二次印刷

定价：**35.00**元

ISBN 978-7-112-24736-3

（35206）

本书编委会

主编单位：绍兴柯桥排水有限公司

编写人员：冯梁峰　马春雨　陈关海　徐国洋　何利民

许兴国　蒋宁丰

前　言

目前随着社会经济的快速发展，农民收入水平的不断提高，农村的人均日用水量和生活污水排放量也急剧增加，而近年来农村生活污水的无序排放，成为农村环境的重要污染原因。当农村大部分地区的河、湖等水体受到普遍污染时，下渗的污水会污染地下水，极易导致一些流行性疾病的发生与传播，对饮用水水质的安全构成了严重威胁。据世界卫生组织的资料，在发展中国家，80%的疾病是由不安全的水和恶劣的卫生条件造成的，妇女儿童受危害的程度最为严重。农村生活污水的粗放型排放导致水体中污染物总量超过其自净能力，严重破坏水体生态平衡，影响农村地区的环境卫生，甚至造成巨大经济损失。农村水环境的恶化使农村人居环境质量下降，影响人民群众身心健康和农村的可持续发展，也影响和制约了新农村建设。

国家对农村环境问题高度重视，广大农民群众要求改善人居环境状况的愿望也十分强烈。加强农村生活污水收集、处理与资源化设施建设，避免因生活污水直接排放而引起农村水环境、土壤和农产品的污染，确保农村水源安全和农民身体健康，这既是新农村建设中加强基础设施建设、推进村庄整治工作的一项重要内容，又是当前农村人居环境改善需要解决的最迫切、最突出的问题，具有重要的现实意义。

本书围绕农村生活污水处理运行维护这一重点。阐述了农村生活污水的构成、常见处理工艺、治理设施等污水处理基本知识，系统地从设施管网、处理设施终端、运维监控平台、水质监测、安全问题等方面加以描述和规范。

本书共分为九章，第一章为概述；第二章为生活污水处理基本知识；第三章为农户管理设施；第四章为农村生活污水处理设施管网运行维护；第五章为农村生活污水处理设施终端运行维护；第六章为运维监控平台管理；第七章为农村生活污水处理设施水质检测；第八章为运行维护安全相关问题；第九章为农村污水处理实例。

本书内容全面系统，涉及范围广泛，注重理论与实践的结合，适合广大农村生活污水处理运行维护人员的培训、学习和工作使用。

书中缺点和不足之处在所难免，希望读者批评、指正。

目　录

一、概述

二、生活污水处理基本知识

三、农户管理设施

四、农村生活污水处理设施管网运行维护

五、农村生活污水处理设施终端运行维护

六、运维监控平台管理

七、农村生活污水处理设施水质检测

八、运行维护安全相关问题

九、农村污水处理实例

附件一　水泵操作和日常管理

附件二　部分运维记录表格式

一、概述

（一）术语和定义

1. 农村生活污水

农村生活污水，是指农村日常生活中产生的污水，以及从事农村公益事业、公共服务和民宿、餐饮、洗涤、美容美发等经营活动产生的污水。

2. 农村生活污水治理设施

对农村生活污水进行处理的构筑物及设备。

3. 接户设施

清扫井进水管以上部分视为接户系统，包括户内管网、隔油池、化粪池等。

4. 管网设施

清扫井进水管以下部分到终端处理设施均视为管网设施。管网设施包括收集设备、输送管渠、提升泵站和附属构筑物。

5. 处理终端

对农村生活污水进行处理的构筑物及设备。

6. 格栅

用金属栅条制成的金属框架，斜置在废水流经的管道上，或泵站集水池的进口处，用以截阻大块的呈悬浮或漂浮状态的固体污染物，以免堵塞水泵和沉淀池的排泥管。截留效果取决于缝隙宽度和水的性质。

7. 稳定塘

稳定塘，又称氧化塘或生物塘，是一种利用天然净化能力对污水进行处理的构筑物。通常将土地进行适当的人工修整，建成池塘，并设置围堤和防渗层，依靠塘内生长的微生物来处理污水，主要利用菌藻的共同作用处理废水中的有机污染物。

8. 预处理池

具有除渣、调节水质水量和沉淀作用的处理单元。

9. 排放口（井）

指经设施处理后的尾水排放至外界环境的单元。

10. 厌氧池

利用厌氧生物的代谢过程，在无氧条件下把污水中的有机污染物转化为无机物和少量细胞物质的构筑物设施。

11. 生物膜

由细菌、真菌、藻类、原生动物和后生动物组成的膜状生物群落，构成的食物链可有效地去除水中的有机污染物。同活性污泥相比，生物膜的食物链长而复杂，因此产生的污泥少而抗冲击负荷的能力强。

12. 沉淀池

一种构筑物，利用重力沉降作用将密度比水大的悬浮颗粒从水中去除。一般是指在生化前或生化后泥水分离的构筑物，多为分离颗粒较细的污泥。在生化之前的称为初沉池，沉淀的污泥无机成分较多，污泥含水率相对于二沉池的污泥低些。位于生化之后的沉淀池一般称为二沉池，多为有机污泥，污泥含水率较高。

13. 沉砂池

一种构筑物，从污水中分离密度较大的无机颗粒，保护水泵和管道免受磨损，缩小污泥处理构筑物容积，提高污泥有机组分的含率，提高污泥作为肥料的价值。分离的沉淀物质多为颗粒较大的砂子，沉淀物质比重较大，无机成分高，含水量低。

14. 人工湿地

用人工筑成水池或沟槽，底面铺设防渗漏隔水层，填充一定深度的基质层，种植水生植物，利用基质、植物、微生物的物理、化学、生物协同作用使污水得到净化。其作用机理包括吸附、滞留、过滤、氧化还原、沉淀、微生物分解、转化、植物遮蔽、残留物积累、蒸腾水分和养分吸收及各类动物的作用。

（二）浙江省农村污水处理运行的概述

当今世界面临着人口膨胀、资源短缺与环境污染等问题，其中水资源是各种资源中不可替代的一种重要资源。水是宝贵的自然资源，是人类赖以生存的必要条件。“水”这个曾被认为取之不尽、用之不竭的生命之源，随着人类步入21世纪，却向人类发出了警报，已成为举世瞩目的重要资源问题之一。

近年来，国家越来越关注水资源污染问题，也采取了一系列的防治措施。“十三五”期间，国家对农村污水处理作出了一系列战略部署，将不断加大农村污水处理投入力度，提高农村污水处理能力，也为农村污水处理行业发展带来重大机遇。

浙江省政府认真贯彻国家和省的有关精神，坚持科学发展观、坚持新时代特色社会主义道路，真抓实干、积极进取，通过生态省建设、“811”环境污染整治行动、“811”环境保护新三年行动、“五水共治”等措施，浙江省城镇污水处理厂、配套管网建设，以及污水处理厂COD减排等各项工作取得明显成效，并且相继出台了《浙江省农村生活污水处理工程技术规范》《农村生活污水处理设施水污染物排放标准》DB33/973—2015、《城镇污染处理厂主要水污染物排放标准》DB33/2169—2018等相关标准为污水处理工作提供了参考和依据。

同时，浙江省作为全国首个全面开展农村生活污水治理的省份，自2003年“千村示范、万村整治”工程实施以来，经过十多年来的深入推进，全省90%以上的村建成了农村生活污水处理设施，大部分处理设施已开始正常运行。

浙江省第十三届人民代表大会常务委员会第十四次会议表决通过了全国首部农村生活

污水处理设施管理领域的省级地方性法规——《浙江省农村生活污水处理设施管理条例》。对农村生活污水处理设施的建设改造、运行维护及其监督管理作出了全面的规定，填补了农村生活污水处理设施管理没有直接法律依据的空白，对于保障和推动农村生活污水治理，改善农村人居环境和生态环境，建设美丽乡村，助推乡村振兴具有重要意义。

二、生活污水处理基本知识

（一）污水处理基本知识

1. 农村生活污水的构成

农村居民排放的生活污水主要包括卫生间污水、厨房污水和洗涤污水，此三水污染负荷的占比约为6 ∶ 2 ∶ 2。污水收集须实行雨污分流，雨水不得接入生活污水收集管网。

农村居民生活用水量受经济条件、用水习惯、生活季节等因素直接影响。确定具体用水量时，可参照《浙江省用（取）水定额（2015年）》，具体见表2–1所列。

农村居民生活用（取）水定额［单位：升 /（人·日）］　　表 2-1

村庄类型	定额值
全日供水，室内有给水排水设施且卫生设施齐全	120 ~ 180
全日供水，室内部分有给水排水设施且卫生设施较齐全	100 ~ 140
全日供水，水龙头入户，室内部分有给水排水设施和卫生设施	70 ~ 100
水龙头入户，无卫生设施	60 ~ 90
集中供水点取水的边远海岛及偏僻山区	40 ~ 70

注：取用表中定额值需综合考虑当地水资源条件和经济发展水平，水资源丰富、经济发展水平高的地区取高值，反之取低值。其中全日供水指日供水时间在14小时以上。本表适用于非城市供水管网覆盖范围内农村居民生活用水。

确定排水量时，可根据农户实际产生的污水水量，在无实测数据时，一般可按表2–1的80%、90%确定排水量。

农村生活污水呈现出水量小、排放分散、水质复杂的特征。我国大多数农村地区的供水设施简陋、自来水普及率较低，特别是偏远山区等条件落后的农村地区，居民的用水得不到保障。此外，农村地区的居民日常生活较为单调，农村居民人均用水量远低于城市居民，农村地区生活污水的人均排放量也远低于城市生活污水的排放量。目前，我国的农村地区房屋基本都属于自建房，具有较大的随意性，缺乏合理的总体布局规划。因此，居民的生活污水排放方式存在诸多差异，有的生活污水排入明沟或暗渠，有的就近排入溪、河及湖泊，还有的农户将粪便等收集作为肥料，其余的用水直接泼洒，使其自然蒸发或渗入土壤。从总体来看，村镇分布密度小和居民的建筑布局随意导致了农村的生活污水排放变得极为分散。农村地区缺乏垃圾收集、处理设施，致使垃圾随意堆放。因此，农村生活污水除了居民的家庭活动用水外，还混有垃圾堆放产生的污水和高浊度的雨水径流等，汇集的污水水质成分复杂。各类污水比例受生活条件状况、生活习惯等因素影响而不同，并且随着农村经济发展，农村家庭生活方式的改变，生活污水的来源会越来越多，水质成分也势必更加复杂。

2. 农村生活污水常用处理工艺

农村生活污水常用的处理工艺主要有：厌氧+人工湿地、A/O、A/O+人工湿地及A^2/O+人工湿地工艺等。其中A/O工艺又主要包括厌氧+生物接触氧化、厌氧+活性污泥法、厌氧+膜生物反应器（MBR）。

（1）厌氧+人工湿地工艺（图2–1）

适用于有一定空闲土地的村庄，处理规模不超过50t/d。

优点：技术成熟，投资费用少，运行费用低，维护管理简便。设计负荷适当时，出水水质好，尤其是脱氮效果良好。

缺点：占地面积大，运行和设计不当时容易堵塞，效果也会下降。

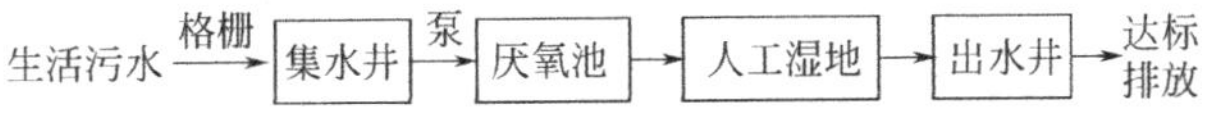

生活污水 —格栅→ 集水井 —泵→ 厌氧池 → 人工湿地 → 出水井 → 达标排放

图 2-1　厌氧 + 人工湿地处理工艺流程图

（2）A/O工艺（图2–2）

主要有3种类型：厌氧+生物接触氧化、厌氧+活性污泥法、厌氧+膜生物反应器（MBR）。

①厌氧+生物接触氧化。适用于水量较大、污水污染负荷较大的地区。

优点：处理效率高，占地面积小。操作简单，运行方便，污泥生成量少，节能效果好。

缺点：填料上生物膜实际数量随生化需氧量（BOD）负荷而变，BOD负荷高，则生物膜数量多；因填料设置使氧化池构造较为复杂；若填料选用不当，会严重影响工艺正常使用。

②厌氧+活性污泥法。适用于水量较大、污水污染负荷较大的地区，如：养殖—生活混合污水的场合，同时也是集镇区污水处理厂（站）常用工艺之一。

优点：处理效果好，BOD去除率达到90%以上。

缺点：占用土地面积大，对设计、施工、管理维护的要求都比较高，运行管理操作相对复杂，运行维护费用较大。

③厌氧+膜生物反应器（MBR）。由于其出水水质较好，这使其可以应用于那些对环境保护要求极为严格的旅游景区和水源保护地。

优点：占地面积小，出水标准高，可以作为优质的再生水予以回用。

缺点：能耗高，膜易受到污染，且具有一定的寿命，需要定期更换，运行受外界影响因素多，产生的剩余污泥难处理。

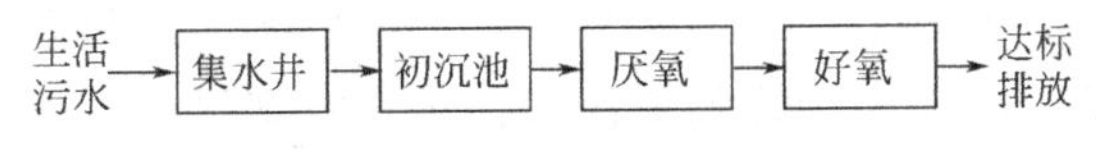

图 2-2　A/O 工艺处理流程图

（3）A/O+人工湿地工艺（图2-3）

A/O+人工湿地工艺是在常规生化处理基础上增设人工湿地系统进行深度处理。人工湿地系统是人为地在有一定长宽比和底面坡度的洼地上用土壤和填料（如砾石等）混合组成填料床，使污水在床体的填料缝隙中流动或在床体表面流动，并在床体表面种植性能好、成活率高、抗水性强、生长周期长、美观及具有经济价值的水生植物（如芦苇、蒲草和美人蕉等），形成一个"基质—微生物—植物"的复合生态系统，并利用这种复合生态系统独特的净化功能进行水质高效净化。适用于地势条件高于集水污水并能通过自流出水的且规模适中的村庄，处理规模20 ~ 200t/d。适用于人口密度大、污染排放量大的村庄。

优点：具有较强的抗冲击负荷能力，工艺处理效果稳定，美观。

缺点：费用较高，维护较为复杂。

图 2-3　A/O+ 人工湿地处理工艺流程图

（4）A^2/O+人工湿地工艺（图2-4）

A^2/O工艺亦称AAO工艺，本工艺为采用厌氧—缺氧—好氧法生物脱氨除磷工艺的简称，是流程最简单，应用最广泛的脱氮除磷工艺。适用于处理要求较高，四季气候变化大，气温较低的地区。处理规模不小于200t/d。

适用于人口密度大、污染排放量大的村庄。

优点：污水处理效果好，运行稳定，污泥产量少，美观，对水力负荷和有机负荷的适应范围较大。

缺点：投资费用相对较高，维护相对较为复杂。

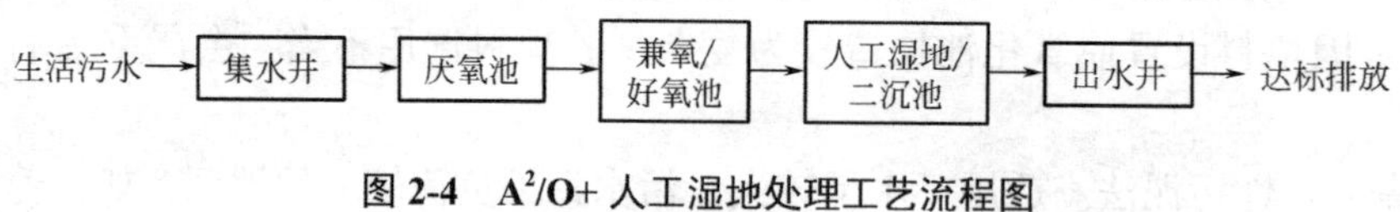

图 2-4　A^2/O+ 人工湿地处理工艺流程图

人工湿地系统较之传统处理系统有许多优点：

①建造和运行费用便宜，易于维护。

②处理工艺效果可靠，不仅能去除常规污染物，而且对营养物质等具有明显的处理效果。

③可有效缓冲水力和污染负荷造成的冲击。

同时，污水人工湿地处理系统也存在一定的缺点：占地面积大，每天处理每吨水需要占地5 ~ 10m^2；易受病虫害的影响；生物和水力复杂性，使得设计运行参数不精确，需经过2 ~ 3个生长季节，才能形成稳定的植物和微生物系统。

3. 农村生活污水处理设施

农村生活污水治理缺乏完善的污水收集系统。由于经济条件限制及环境保护意识的缺乏，我国农村地区大都以明渠或暗管收集污水，污水收集设施简陋，不能实现雨污分流，往往会汇入雨水、山泉水等，汇集的污水成分复杂。而水量的增加和污染物浓度因稀释作用降低，使得生活污水的收集处理难度加大。粗放式的排放方式以及管网设施简陋、缺少维护是导致农村生活污水的收集率低的重要因素，由此导致的生活污水的露天径流和地下渗漏不但使村民的居住环境恶化，而且易造成地表及地下水污染。

农村生活污水治理要完善农村地区的污水收集体系。农村生活污水收集率低是我国大部分地区普遍存在的问题，解决农村地区生活污水收集问题是治理农村水环境的重要环节。随着农村地区的经济条件增长以及国家对农村生活污水的整治力度加大，许多地区已在完善生活污水收集管网，在一些经济条件较好的新农村，已经具备较完整的收集和处理体系。现有的收集处理方式主要可分为三类：农户分散收集处理、村镇集中收集处理、统一收集归入市政管网。污水分类收集也是农村生活污水处理的重要组成部分。在国外，对生活污水分类处理的应用模式已较为成熟，将“黑水”和“灰水”分处理，一定程度上可降低处理难度，还能达到中水回用的目的。国内有条件的农村地区可以借鉴生活污水分类收集处理的模式，“黑水”经过收集池收集后可农用，“灰水”经收集处理后可中水回用或直接排放，以达到减少处理量，降低建设运行成本的目的。

农村生活污水治理设施就是对农村生活污水进行收集、处理的构筑物及设备，包括接户设施、管网设施及终端处理设施。

接户设施即入户清扫井进水管以上部分，包括接户管道、存水弯、隔油池、化粪池等。

管网设施即入户清扫井以后管道部分到终端处理设施，包括收集系统、输送管道、检查井、提升泵站和附属构筑物等。

终端处理设施即对农村生活污水进行末端处理的构筑物和设备等设施的总称。包括预处理设施、主体处理设施和附属设施。

预处理设施即具有去除悬浮物、沉砂和调节水量、水质等功能的污水处理设施的总称，一般由格栅池、沉砂池、调节池等组成。

主体处理设施一般由厌氧处理设施、好氧处理设施、生态处理设施等的一种或多种组成，以及消毒、排放口等相关设施。包括厌氧池、缺氧池、好氧池、二沉池、生物滤池等。

附属设施即终端设施内与污水处理工艺不直接关联的配套设施。包括标识牌、绿化、汀步、围栏、设备房等。

4. 农村生活污水水质特点与排放规律

我国农村生活污水水质水量随地区和时间变化差异较大。我国农村居住环境和人文风俗的差异导致不同农村地区排放的生活污水水质差别较大。生活污水中氨氮、溶解态磷等污染物浓度与居民经济条件、生活习惯、作息规律等密切相关。例如经济条件较好、肉类蛋白类食物消费比例高的地区，生活污水中的氨氮浓度较高，同时洗涤剂的大量使用致使生活污水中溶解态磷偏高；而经济条件较差的农户往往反复用水后再排放，导致化学需氧量浓度较高，且这些农户一般较少使用卫生洁具和洗涤剂，产生的生活污水氮、磷含量不高。农村生活污水的日变化系数较大，排放量的峰值一般出现在早晨、中午和晚上三个时段，在这些时间段中，居民的家庭活动往往比较集中，用水量也相对较大，污水中的氮、磷等主要污染物浓度的峰值也随之出现。而在其他的时段，尤其是午夜至清晨这段时间，由于用水量的大幅减少，致使污水量很小，甚至出现断流。农村生活污水的排放量随季节变化的规律表现为夏季较多，冬季较少。与排放量相反，主要污染物如化学需氧量、总氮和总磷的浓度变化规律为夏季较低，冬季较高。

农村生活污水水质主要具有如下特点：

（1）面广、量大、分散。我国农村聚居地大多是自然形成的，村庄分布零散。随着农民生活水平的提高以及农村生活方式的改变，生活污水的产生量也随之增长。除了生活污水外，还有生活垃圾堆放的渗滤液等造成的污染。所以农村生活污水具有面广、量大、分散的特点。

（2）污水处理率低。目前绝大多数村庄生活污水未设污水收集系统，少数有收集系统的村庄，也仅是不完整的无盖明渠，且渠道淤积堵塞严重，每逢雨季污水四处流淌。农村生活污水包括人粪尿污水和生活杂排水（洗衣水、洗澡水、清洗水及厨房用水）。在农村，由于无卫生设施或卫生设施不健全，无完整的生活污水收集系统，生活杂排水随处泼洒，污水处理率低。

（3）污水中化学需氧量（COD）、生化需氧量（BOD）浓度较高。农村人均污水量低于城镇，但COD、5日生化需氧量BOD_5浓度则高于城镇。有关资料显示，农村生活污水COD为350 ~ 770mg/L，BOD_5为200 ~ 400mg/L，总氮（TN）为30 ~ 40mg/L，总磷（TP）为2.5 ~ 3.5mg/L，BOD_5/COD为0.45 ~ 0.55，易生物降解的有机物成分含量高，污水的可生化性较好。由于农村地广人稀，人们的生产、生活规律较一致，污水的产生时段较集中，因此农村的综合生活污水量总变化系数高于城镇的综合生活污水量总变化系数。

（4）农村污水具有自然生物处理的条件。污水自然生物处理是利用大自然天然净化能力（包括土壤、池塘、植物、阳光等）进行污水处理。可根据农村的污水特点和地区自然条件，选择适宜的污水自然生物处理方法。

农村生活污水排放量方面，主要呈现如下规律：

（1）我国农村人口数量庞大，农村生活污水排放量具有区域排水量小、全国排水总量巨大的特点。

（2）农村生活污水水量时变化与日变化波动幅度大。生活污水排放量通常是傍晚多、白天少。平时村中人口数较少，而节假日猛增。因此，生活污水水量在春节等节假日期间显著增加，而平时污水排放量减少。

5. 氨氮、总氮、COD、BOD、B/C比的概念及意义

氨氮（NH_3-N）主要是指水中游离氨（NH_3）与离子铵（NH_4^+）总和，游离氨与离子铵两者的组成比例主要与水温和pH值有关。

总氮是指水中各种形态无机和有机氮的总量。包括NO_3^-、NO_2^-和NH_4^+等无机氮和蛋白质、氨基酸和有机胺等有机氮，以每升水含氮毫克数计算。常被用来表示水体受营养物质污染的程度。

COD，化学需氧量，是指在酸性条件下，用强氧化剂（重铬酸钾或高锰酸钾）将水中的还原性物质（主要是有机物）完全氧化所消耗的氧化剂量，以通过换算得到的单位体积水消耗的氧量表示，是反映水中有机物含量的指标。另外，水样中存在的还原性无机物如亚硝酸盐、硫化物、亚铁盐等在COD测定过程中也被氧化而消耗氧化剂，水样中也可能存在不能被总铬酸钾或高锰酸钾氧化的有机物，因此，COD也只能是反映有机物相对含量的一个综合性指标。

BOD，生化需氧量，是在水温20℃、有氧条件下，由于好氧物（主要是细菌）的代谢活动，将水中有机物氧化分解为无机物所消耗的溶解氧量。通常用5日生化需氧量（BOD_5）作为可生物降解有机物的综合浓度指标，一般情况下，同一水样的COD大于BOD_5。

B/C比是BOD_5与COD的比值，称为可生化指标，是判断污水是否宜于采用生物处理的判别标准。比值越大，越容易被生物处理。一般认为B/C比大于0.3的污水才适于采用生物处理。

6. 总磷的概念及水体磷的来源与危害

总磷是指水体中各种形态磷的总称。水样经过消解直接测定的磷含量为总磷。总磷的测定是用强氧化剂将水中的一切含磷化合物都氧化分解后测得的正磷酸盐量。

正磷酸盐的常用测定方法有3种：

①钒钼磷酸比色法。此法灵敏度较低，但干扰物质较少。

②钼锑钪比色法。灵敏度高，颜色稳定，重复性好。

③氯化亚锡法。虽灵敏但稳定性差，受氯离子、硫酸盐等干扰。

磷是畜禽饲料中的重要指标，畜禽对磷的摄入量不足或过量都将严重影响畜禽健康，因此饲料必须经常检测。根据《饲料中总磷的测定　分光光度法》GB/T 6437—2018检测。

水体中磷主要来源于洗涤剂、尿液、粪便、肥料、养殖废弃物等。磷的危害主要是它会造成水体富营养化，而且磷对水体富营养化的贡献一般大于氮。

7. 负荷、有机负荷、污泥负荷、水力负荷

负荷是表示污水处理设施处理能力的指标。

有机负荷是指单位体积污水处理反应器（或单位体积介质滤料）在单位时间内接纳的有机污染物量，一般不包括反应器回流量中的有机物（采用回流系统时）。有机物可以用BOD或COD表示，因此又称BOD_5或COD负荷，单位为$kg/(m^3 \cdot d)$。

污泥负荷是有机污染物量与活性污泥量的比值（F/M），即单位质量的活性污泥在单位时间内接受的有机污染物量。

水力负荷是单位体积或单位面积污水处理系统单位时间接纳的污水水量（如果采用回流系统，则包括回流水量）。

8. 污水处理反应器水力停留时间

水力停留时间，简称HRT，是指待处理污水在污水处理反应器内的平均停留时间，也就是污水与生物反应器内微生物作用的平均反应时间。

如果反应器的有效容积为V（m^3），则：HRT=V/Q（h）。

即水力停留时间等于反应器有效容积与进水流量之比。

在传统的活性污泥法中，水力停留时间很大程度上决定了污水的处理程度，因为它决定了污泥的停留时间；而在MBR法即膜生物反应器中，由于膜的分离作用，使得微生物被完全阻隔在了反应池内，实现了水力停留时间和污泥龄的完全分离。

9. 活性污泥、MLSS、SV、SVI

活性污泥是微生物群体及它们所依附的有机物质和无机物质的总称，是由多种多样的好氧微生物、兼氧微生物、少量其他生物、吸附态有机物或无机微粒组成的絮体，呈黄褐色泥花状。

MLSS，混合性悬浮固体，表示悬浮生长反应器内混合液中所含活性污泥固体的浓度，即单位体积混合液中活性污泥固体物的总质量，单位为mg/L。

SV，污泥沉降比，又称30min沉降比，即混合液在量筒内静置30min后形成沉淀污泥的容积占原混合液容积的百分数，用%表示。

SVI，污泥体积指数，表示好氧池出口处混合液经过30min静置沉淀后，每克干污泥所形成的沉淀污泥所占有的容积，以mg/L计，实际使用中常略去单位，计算公式为SVI=SVIMLSS。

10. 流槽井、落底井

污水管井用的是流槽井，井的底部是圆槽形式，使让污水较快流出。

雨水井是落底井，在管底以下有30cm的高差，便于物件和沉淀落到井底，定时清理。

在雨水排水管道中，有时候也可以使用流槽井来代替雨水井，但前提是在上游应该有雨水井的设置。

落底井的作用有两个，一是为了方便清淤，二是为了使入水口与底部形成高度差减少对井基的冲压，避免井基松动坍塌。

11. 格栅、隔油池、沉淀池

格栅是农村生活污水的第一个处理单元，通常设置在污水处理设施进水口端，其主要作用是筛滤污水中的漂浮物、悬浮物，保护污水处理设施内的机械设备（特别是泵），防止管道堵塞。按照栅条间隙大小分为粗、中、细三种类型格栅。粗格栅栅条间距为50 ~ 100mm，中格栅栅条间距为10 ~ 50mm，细格栅栅条间距小于10mm。按照清渣方式，格栅分为人工格栅和机械格栅。农村生活污水处理工程水量较小，多使用人工格栅，由人工定期清渣。

隔油池是利用油比水轻的原理，分离去除污水中浮油的一种设施。当农村生活污水含有农家乐餐饮污水时，由于其含油脂量高，必须设置隔油池。工程上常在格栅后、生物处理反应池前设置隔油池。

沉淀池是在保持一定的水流速度条件下，利用重力作用分离水中悬浮物的一种构筑物。沉淀池按工艺布置与用途的不同，分为初沉池和二沉池。初沉池通常设在污水生物处理构筑物的前端，用于去除污水中的悬浮物。二沉池一般设在污水生物处理池后端，主要沉淀、分离回收活性污泥与污水混合液中的活性污泥。

12. A/O工艺、A^2/O工艺

A/O工艺主体由缺氧池和好氧池串联而成，缺氧池在前，好氧池在后。缺氧池中反硝化菌利用进水中的有机物作碳源，将污泥回流混合液中带入的大量硝酸盐氮还原为氮气释放至空气中，进水有机物浓度（BOD）降低，好氧池中好氧微生物利用氧气及有机质合成自身体内物质，微生物增值，有机物浓度降低。另外，好氧池内氨氧化菌、亚硝酸盐氧化菌在溶解氧存在条件下将氨氮氧化为硝酸盐氮。好氧池富含硝酸盐氮的泥水混合液回流至缺氧池，进一步去除硝酸盐氮，其余泥水混合物经二沉池沉淀，上清液排出系统。

A^2/O工艺中污水经过连续厌氧、缺氧、好氧的环境在厌氧、兼氧及好氧微生物的协同作用下完成去除有机物，达到同步脱氮除磷的目的。

A^2/O工艺中，首段厌氧池主要是聚磷菌进行磷的释放，溶解性有机物被细胞吸收而使污水中BOD浓度降低。在缺氧池中，反硝化菌利用污水中的有机物作碳源，将回流混合液中带入的大量硝态氮和亚硝氮还原为氮气释放至空气中，BOD浓度继续下降。在好氧池中，有机物被好氧微生物生化降解，浓度进一步下降，有机氮被氨化继而被硝化，磷酸盐被聚磷菌过量摄取，浓度下降。最后混合液进入二沉池，进行泥水分离，上清液作为处理水排放，沉淀污泥的一部分回流厌氧池，另一部分作为剩余污泥进入污泥脱水工段，排出系统。

13. 人工湿地

（1）人工湿地及其基本原理

人工湿地是人工建造的、可控制的和工程化的湿地系统。人工湿地是在一定长、宽比及地面具有坡度的洼地中，填装砾石、沸石、钢渣、细砂等基质混合组成基质床，床体表面种植成活率高、吸收氮磷效率高的水生植物，污水在基质缝隙或者床体表面流动，所形成的具有净化污水功能的人工生态系统。人工湿地的设计和建造主要强化了自然湿地生态系统中截留、吸附、转化分解有机物、氮磷等污染物的物理、化学和生物过程。

污水湿地处理系统分自然和人工湿地处理系统，自然湿地就是自然的沼泽地，人工湿地污水处理技术是一种基于自然生态原理，使污水处理达到工程化、实用化的新技术。将污水有控制地投配到土壤经常处于饱和状态、生长有像芦苇、香蒲等沼泽植物的土地上，利用植物根系的吸收和微生物的作用，并经过多层过滤，来达到降解污染、净化水质的目的，它是一种充分利用地下人工介质中栖息的植物、微生物、植物根系，以及介质所具有的物理、化学特性，将污水净化的天然与人工处理相结合的复合工艺。

人工湿地主要通过基质、微生物、植物，通过物理、化学和生物作用实现污水中有机物、氮磷等污染物的去除。

（2）人工湿地主要类型和优点

按照污水流经方式不同，人工湿地通常分为表面流人工湿地和潜流人工湿地2种类型。按照污水在湿地中水流方向不同，潜流人工湿地又可分为水平潜流型人工湿地、垂直潜流型人工湿地及垂直潜流与水平潜流组合的复合型潜流人工湿地3种类型。

①表面流人工湿地：水面在湿地基质层以上，水深一般为0.3 ~ 0.5m，流态和自然湿地类似。

②水平潜流型人工湿地：水流在湿地基质层以下沿水平方向缓慢流动。

③垂直潜流型人工湿地：污水一般通过布水设备在基质表面均匀布水，垂直渗透流向湿地底部，在底部设置集水层（沟）和排水管。

垂直潜流与水平潜流组合的复合型潜流人工湿地：结合垂直潜流型人工湿地和水平潜流型人工湿地特点布置的复合型人工湿地。

人工湿地是目前我国农村生活污水处理中应用最广泛的技术，非常适合我国农村生活污水处理，是目前我国大力推广的污水处理技术之一。其主要优点有：运行费用低；运维便利，技术要求低；处理效果好；景观效果好，可有机地与周边环境协调，不同的湿地植物间合理搭配，可成为自然景观的一部分。

14. 膜生物反应器（MBR）

膜生物反应器（MBR）是膜分离技术与生物技术有机结合的一种新型污水处理工艺。MBR由膜组件和生物反应器组成，用膜组件代替普通活性污泥工艺中的二沉池，可使活性污泥与处理出水高效分离。

膜生物反应器以膜组件取代传统生物处理技术末端二沉池，在生物反应器中保持高活性污泥浓度，提高生物处理有机负荷，从而减少污水处理设施占地面积，并通过保持低污泥负荷减少剩余污泥量。主要利用膜分离设备截留水中的活性污泥与大分子有机物。膜生物反应器系统内活性污泥（MLSS）浓度可提升至8000 ~ 10000mg/L，甚至更高；污泥龄（SRT）可延长至30d以上。膜生物反应器因其有效的截留作用，可保留世代周期较长的微生物，可实现对污水深度净化，同时硝化菌在系统内能充分繁殖，其硝化效果明显，对深度除磷脱氮提供可能。

MBR是膜分离技术与生物处理法的高效结合，其起源是用膜分离技术取代活性污泥法中的二沉池，进行固液分离。这种工艺不仅有效地达到了泥水分离的目的，而且具有污水三级处理传统工艺不可比拟的优点：

（1）高效地进行固液分离，其分离效果远好于传统的沉淀池，出水水质良好，出水悬浮物和浊度接近于零，可直接回用，实现了污水资源化。

（2）膜的高效截留作用，使微生物完全截留在生物反应器内，实现反应器水力停留时间（HRT）和污泥停留时间（SRT）的完全分离，运行控制灵活稳定。

（3）由于MBR将传统污水处理的曝气池与二沉池合二为一，并取代了三级处理的全部工艺设施，因此可大幅减少占地面积，节省土建投资。

（4）利于硝化细菌的截留和繁殖，系统硝化效率高。通过运行方式的改变亦可有脱氨和除磷功能。

（5）由于泥龄可以非常长，从而大大提高难降解有机物的降解效率。

（6）反应器在高容积负荷、低污泥负荷、长泥龄下运行，剩余污泥产量极低，由于泥龄可无限长，理论上可实现零污泥排放。

（二）日常运行维护基本知识

1. 日常运行维护工作的人员组织

运维单位应执行国家、省和地方现行有关法律、标准和规定的相关制度，同时应制定相关工作管理制度并认真执行。

运维单位应配备专业人员，设专业技术负责人。运维人员应通过技术培训和生产实践后方可上岗。

运维人员上岗前应进行相关的法律法规和专业技术、安全防护、紧急处理等理论知识和操作技能培训，熟悉处理工艺和设施、设备的运行要求与技术指标。

运维人员应切实履行岗位职责，严格遵守规章制度。

运维人员应按照设备说明书要求，对工艺设备定期进行维护保养。

运维人员应严格执行设备操作规程，定时巡视设备运转是否正常，包括温升、响声、振动、电压、电流等，发现问题应尽快检查排除。

运维人员应保持设备各运转部位良好的润滑状态，及时添加润滑油、除锈；发现漏油、渗油情况，应及时解决。

运维人员巡检过程中应对工艺系统闸门、阀门、管线定期进行检查和维护，不得有漏水、漏气现象。

2. 日常运行维护的主要内容

一是对接户设施及管网设施的维护，确保污水收集系统内管网系统完好通畅，运行正常，防止堵塞、破损等现象的发生，并注意管网沿线路段的卫生整洁，确保管道系统无私自接管、违章占压等违规现象。并对有损坏的管道，及时上报并修复。

二是对终端处理设施的维护，终端处理设施中各种构筑物及设备，包括集水池、阀门井、管道连通井、调节池、初沉池、厌氧池、缺氧池、好氧池、二沉池、人工湿地、出水井、提升泵、回流泵、反洗泵、MBR处理设备、风机、流量计、控制柜、水质在线监测传感器等机电设备，运维过程中及时发现和处理异常情况，对出现的较严重的影响治理设施正常运行的问题，应及时报告并尽快修复，保证治理设施正常运行。

三是维护治理设施终端场地的环境卫生、绿化养护等内容。如注意检查人工湿地内植物生长状况，并进行病虫害防治；及时补种和修枝剪叶，清除杂草、垃圾、污物；清扫终端现场周边及内部堆放的垃圾、污物，保持植物长势良好等多方面的内容。

3. 污水处理后的排放标准

农村生活污水治理设施处理污水后的排放标准应符合《农村生活污水处理设施水污染物排放标准》DB33/973—2015中的相关规定，其水污染物最高允许排放浓度见表2-2所列。

水污染物最高允许排放浓度（单位：mg/L） **表2-2**

序号	控制项目名称	一级标准	二级标准
1	pH①	6～9	
2	化学需氧量（COD_{Cr}）	60	100
3	氨氮（NH_3-N）	15	25
4	总磷（以P计）	2	3
5	悬浮物（SS）	20	30
6	粪大肠菌群（个/L）	10^4	
7	动植物油②	3	5

注：①无量纲。
②仅针对含农家乐废水的处理设施执行

4. 水污染物浓度测定方法

农村生活污水处理设施水污染物浓度测定方法一般采用最新国家颁布的标准检验方法进行，具体可参照《水和废水监测分析方法（第四版）》。常用的监测分析方法见表2-3所列。

常用的检测分析方法 **表2-3**

检测内容	采用方法	注意事项
pH值	玻璃电极法	宜现场测定

续表

检测内容	采用方法	注意事项
化学需氧量（COD_{Cr}）	重铬酸盐法或快速消解分光光度法	水样不能及时分析时，应加硫酸酸化至pH＜2，并置于4℃下保存，保存时间不应超过5d；或参照现行《地表水和污水监测技术规范》HJ/T 91执行
氨氮（NH_3-N）	水杨酸分光光度法	水样不能及时分析时，应加硫酸酸化至pH＜2，并置于2～5℃下保存，保存时间不应超过7d；或参照现行《地表水和污水监测技术规范》HJ/T 91执行
总磷（TP）	钼酸铵分光光度法	水样不能及时分析时，应加硫酸酸化至pH≤1保存。或参照现行《地表水和污水监测技术规范》HJ/T 91执行
悬浮物（SS）	重量法	水样不能及时分析时，应置于4℃下保存，保存时间不应超过7d；或参照现行《地表水和污水监测技术规范》HJ/T 91执行
粪大肠菌群	多管发酵法和滤膜法（试行）	采样后应在2h内进行检测，如不能及时检测，应置于0～4℃冰箱冷藏，并不应超过6h；或参照现行《地表水和污水监测技术规范》HJ/T 91执行
动植物油	红外分光光度法	水样采集完成后，应加盐酸酸化至pH≤2，并在24h内测定；如不能及时测定，应在2～5℃下冷藏保存，保存时间不应超过3d；或参照现行《地表水和污水监测技术规范》HJ/T 91执行

三、农户管理设施

（一）农户处理系统

按照村庄居民生活习惯和自然村落的基本情况和工程应用实际情况，生活污水处理系统可分为单户处理系统、多户处理系统和农村集聚区处理系统。

（1）单户处理系统一般污水量不大于$0.5m^3/d$，服务人口5人以下，服务家庭户数1户，单户处理系统如图3–1所示。

此类处理系统适用于单一住户生活污水处理。

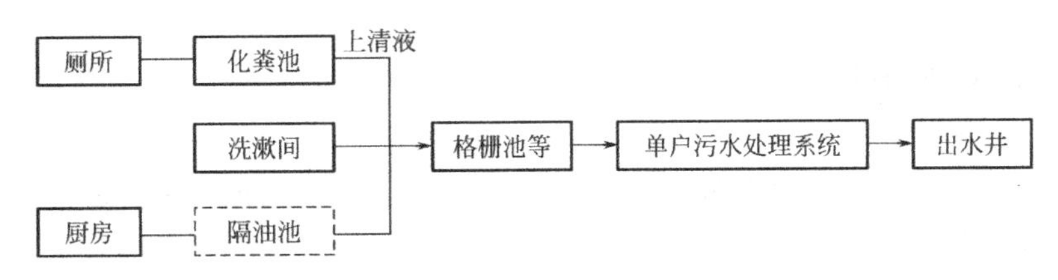

图 3-1　单户式污水处理系统示意

注：若该户为农家乐经营户，则虚线框内隔油池必须设置；若为普通住户，可不设隔油池。

（2）多户处理系统一般污水量不大于$5m^3/d$，服务人口50人以下，服务家庭户数2～10户，污水处理设施布置在村落中；在单户处理系统基础上，将各户的污水用管道引入污水处理设施。多户处理系统如图3–2所示。

此类处理系统适用于多户合并处理的农居点生活污水处理。

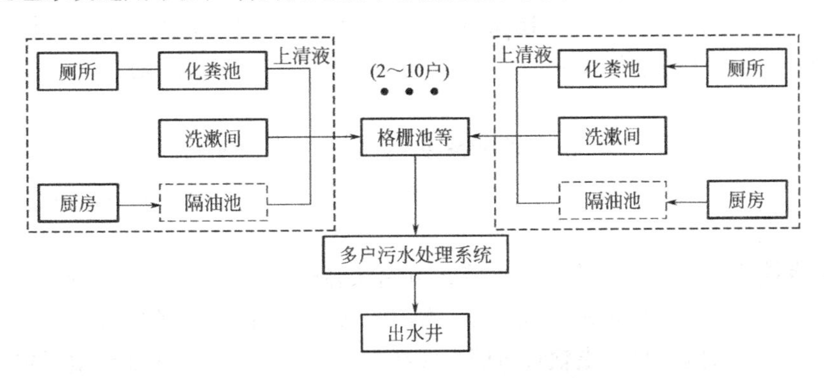

图 3-2　多户式污水处理系统示意

注：若涉及农家乐经营户，则虚线框内隔油池必须设置；若为普通住户，可不设隔油池。

（3）农村集居区收集系统服务人口50人以上的村庄，服务家庭户数10户以上；网管设置在单户收集系统基础上，将各户的污水用管道引入污水处理设施。

农村集居区收集系统如图3-3所示。

此类收集系统适用于整村、联村或新建农村生活小区生活污水收集。

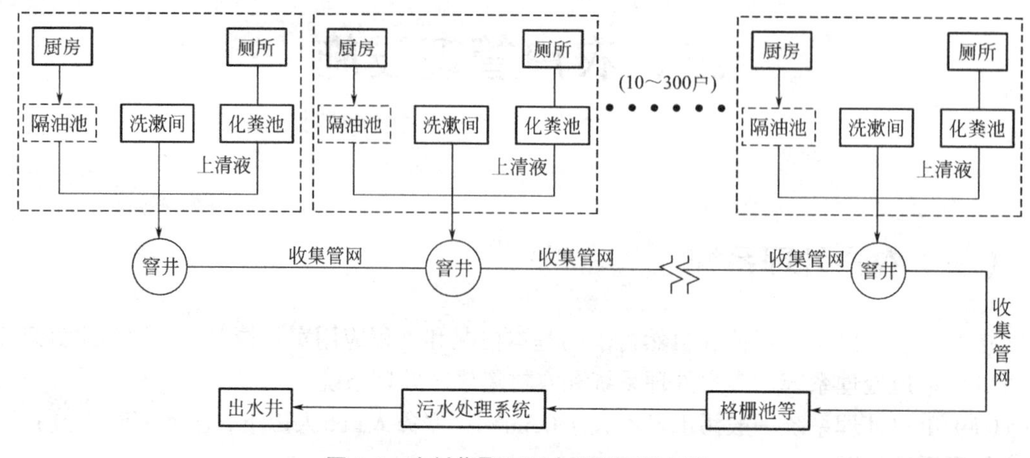

图3-3 农村集聚区污水处理系统示意

注：若涉及农家乐经营户，则虚线框内隔油池必须设置；若为普通住户，可不设隔油池。

（二）农户管理设施

户内设施的运维管理由农户负责，户内设施主要包括卫生间、洗漱间、厨房、洗衣池等生活污水的收集管道、化粪池等设施以及用户清扫井。应将厕所粪便污水与厨房污水，洗涤、洗浴污水分开收集，厕所粪便污水应先排入化粪池，再流入排水管，洗涤和洗浴污水可直接进入排水管。户用排水管道接入主管网时应设置户用检查井。

（1）接户工程

农户污水应做到“应纳尽纳”要求，宜在厨房下水道前安装防堵漏斗，浴室设置毛发过滤网。

接户管安装一般应遵循横平竖直的原则，管道安装应确保牢固可靠，保证适用和外观整洁。

接户管可选用管径范围75 ~ 160mm，管材一般选用UPVC管。厨房的排水管径不小于75mm，农户卫生间污水到化粪池前的排水管径不小于110mm，化粪池出水到支管的排水管径不小于110mm。

出户管坡度：管径选用75mm，坡度≥2%；管径选用110mm或160mm，坡度≥1%。

为防止臭气回溢，须在卫生间、厨房出水立管设置“S”型存水弯。若不能满足最小离地距离，可在埋地横管设置“P”型存水弯。

户外裸露接户管应采取防冻防晒措施，可用保温材料包扎管道，并用胶带捆扎。

设置在户外的洗涤池要规范砌筑一板一槽（或基槽），板上洗涤污水收集入槽，槽内污水用软管收集接入管网，且收集软管与槽池底部必须连接严密，连接处要做好防漏处理。

山区农户的清水，如山水、养鱼池水等应纳入雨水管网，不得纳入污水管网。涉及洗衣、洗菜的长流水，要根据实际情况采用截流井，水量大的时候分流到雨水井，降低水量波动对处理设施的影响。

（2）化粪池

农户化粪池容积可根据农村实际和居住人口数量确定。化粪池推荐容积一般3人为$1.8m^3$，5人为$2.2m^3$，7人为$2.5m^3$，人口超过7人或多户联用的，根据排水量测算确定容积。

农户没有化粪池的，应新建化粪池；有化粪池的，应对原化粪池健康状况进行评估，对于“漏底”、未设置掏粪口或其他不符合规范要求的化粪池，应进行改造或废弃新建；新建或改造化粪池有困难的，可提倡新建多户共用大容量化粪池；对于完全没有新建单户、联户化粪池条件的，且距污水主管或处理设施较近的，可将卫生间污水直接纳入污水管网，但必须满足管网坡度设置要求，加强清扫口、流槽式检查井和双井盖配置，污水处理终端前应设置化粪池进行预处理。

化粪池应按规范设置过粪管，应注意角度、方向和位置，过粪管位置应斜插安装在两堵隔墙上，进出口水平高度合理，两根过粪管出水口应低于进粪管管口，高于第三池的排污口。第三池出水口位置和水平的高低设计，应与污水收集管网标高设计相衔接，方便接管和向低处排放。

化粪池应设置清掏口，不得浇埋化粪池清掏口。

化粪池可根据农村实际，选择砖砌化粪池和新材料、预制式化粪池。

农家乐、饭店等餐饮废水必须经三格式隔油池（器）预处理后再接入管网系统。

（3）隔油池

选用隔油池规格须根据污水流量确定，应保证污水在池内的停留时间不小于2h；污水在池内的水平流速应为2 ~ 5mm/s。一般流量小的采用二格池，流量较大的采用三格池。

（4）清扫井

厨房污水和洗涤污水管在出户后须接入清扫井，清扫井可根据实际单独设置，也可合并设置，清扫井内须设过滤网，在经过清扫井初滤后，再接入支管，并于支管连接处设置检查井。出户清扫井须规范设置，可采用圆形塑料检查井、预制式水泥井或砖砌方形检查井。圆形塑料检查井和预制式水泥井一般为直径300mm，砖砌方形检查井一般为300mm × 300mm。

（三）农户管理职责

（1）农户是治理设施运行维护的参与和受益主体。

（2）应遵守村规民约。

（3）应将生活污水接入管网，并做好户内管网（含化粪池）的日常维护工作。

（4）农户每周应检查厕所污水、厨后用水、洗涤水等的接入状况，检查化粪池、清扫井、接户管的运行情况，发现渗漏、堵塞和破损等情况应及时更换，管理好接户设施周边环境卫生。

（5）严禁农家乐、畜禽散养、小作坊等产生的污水未经预处理或超过处理能力的污水排入治理设施。

（6）严禁在治理设施上乱搭乱建、堆放杂物、种植作物。

（7）在治理设施的运行维护过程中，发现问题应及时上报。

（8）应配合做好治理设施的维修、养护工作。

（9）新建农房必须做好户内生活污水配套设施建设。

四、农村生活污水处理设施管网运行维护

（一）日常运行操作

1. 接户管系统运行与维护

（1）接户管网的日常维护

①定期检查接户管网，防止污水冒溢、私自接管、雨污混接以及影响管道排水的现象出现。

②规范接户管接法，对裸露的管道进行有效的包覆保护。

③检查洗涤槽连接软管外表保护钢丝有无磨损、扭曲、紧缩现象。

④检查洗涤槽连接软管两端的阀门有无松动及渗漏。

⑤检查洗涤槽连接软管两端的快速接头有无变形，拉耳有无掉落、扣销有无退出，接头封圈有无老化和变形。

⑥检查洗涤槽连接软管外表层胶皮、纤维层有无磨损、老化、内凹，有无大面积磨损、腐蚀现象发生。

⑦定期清理化粪池、接户管、户用清扫井，如有渗漏、堵塞和破损应及时维修。

如出现以上情况，则应及时修复或更换配件。

（2）用户暴露在外的管道常用的保护方法

①对暴露在外的管道尤其是PVC管材的立管应使用棉麻织物、塑料泡沫等保温、保护材料进行包扎，并保持其表面干燥、洁净。

②裸露在室外的管道，时间久了，会老化破裂，为延长其使用寿命，可在管道外面套上竹管。

2. 隔油池的运行与维护

隔油池是一种构筑物，利用废水中悬浮物和水的密度不同而达到分离的目的。含油废水通过配水槽进入平面为矩形的隔油池，沿水平方向缓慢流动，在流动中油品上浮水面，由集油管或设置在池面的刮油机推送到集油管中流入脱水罐。在隔油池中沉淀下来的重油及其他杂质，积聚到池底污泥斗中，通过排泥管进入污泥管中。经过隔油处理的废水则溢流入排水渠排出池外，进行后续处理，以去除乳化油及其他污染物。

（1）工艺原理及过程

利用隔油池与沉淀池处理废水的基本原理相同，都是利用废水中悬浮物和水的密度不同而达到分离的目的。隔油池的构造多采用平流式，含油废水通过配水槽进入平面为矩形的隔油池，沿水平方向缓慢流动，在流动中油品上浮水面，由集油管或设置在池面的刮油

机推送到集油管中流入脱水罐。在隔油池中沉淀下来的重油及其他杂质，积聚到池底污泥斗中，通过排泥管进入污泥管中。

隔油池多用钢筋混凝土筑造，也有用砖石砌筑的。在矩形平面上，沿水流方向分为2 ~ 4格，每格宽度一般不超过6m，以便布水均匀。有效水深不超过2m，隔油池的长度一般比每一格的宽度大4倍以上。隔油池多用链带式的刮油机和刮泥机分别刮除浮油和池底污泥。一般每格安装一组刮油机和刮泥机，设一个污泥斗。若每格中间加设挡板，挡板两侧都安装刮油机和刮泥机，并设污泥斗，则称为两段式隔油池（图4–1），可以提高除油效率，但设备增多，能耗增高。若在隔油池内加设若干斜板，也可以提高除油效率，但建设投资较高。在寒冷地区，为防止冬季油品凝固，可在集油管底部设蒸汽管加热。隔油池一般都要加盖，并在盖板下设蒸汽管，以便保温，防止隔油池起火和油品挥发，并可防止灰沙进入。

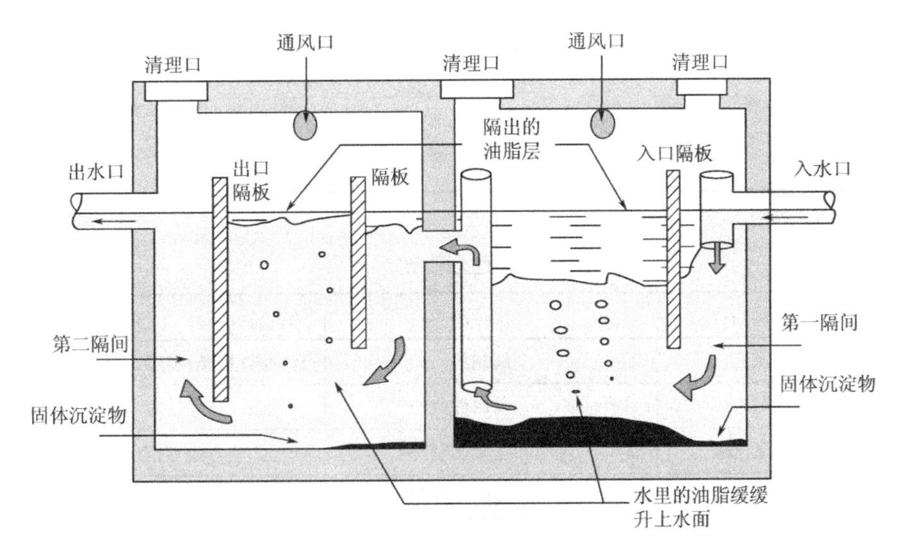

图 4-1　两段式隔油池

（2）运行与管理

隔油池的管理与维护应按照下列要求：

①经过隔油池处理后的污水流到废水坑内，当废水升到浮球控制的水位时，由潜污泵自动排出，当污水降到控制低水位时，潜污泵将自动停止。

②经分离后的油脂浮在隔油板侧上方，这些浮油脂应及时定期清除，如果不定期处理油脂，其可能外泄，若流到地面会造成环境污染，若流到污水坑内会严重影响浮球正常工作。

③隔油池每周清除油脂一次。

④一旦出现溢出的油污，可采用碱性清洗液进行处理，根据污染程度不同，选用表4–1中碱性清洗液或表4–2中碱性脱脂剂。

⑤使用清洗液及脱脂剂时，应注意安全操作，必须戴上相应护具：加厚胶手套、水鞋和防毒口罩。

碱性清洗液　　表 4-1

序号	配方（%）		使用范围
1	氢氧化钠 碳酸钠 硅酸钠 水	0.5 ~ 1 5 ~ 10 3 ~ 4 余量	碱性较强，能清洗碱物油、植物油和钠基脂，适用于一般钢铁件
2	氢氧化钠 磷酸三钠 硅酸钠 水	1 ~ 2 5 ~ 8 3 ~ 4 余量	
3	磷酸三钠 磷酸二氢钠 硅酸钠 烷酸钠 水	5 ~ 8 2 ~ 3 5 ~ 6 0.5 ~ 1 余量	碱性较弱，有除油能力，对金属腐蚀性较低，适用于钢铁件和铝合金件
4	十二烷基硫酸钠 油酸三乙醇胺 苯甲酸钠 水	0.5 3 0.5 余量	碱性更弱，使用于精加工或抛光后的钢铁件和铝合金件

碱性脱脂剂　　表 4-2

序号	脱脂剂名称	使用范围	备注
1	二氯乙烷	金属制件	有剧毒/易燃/易爆，对黑色金属有腐蚀性
2	三氯乙烯	金属制件	有毒，对金属无腐蚀性
3	三氯化碳	金属和非金属制件	有毒，对有色金属有腐蚀
4	95%乙醇	脱脂要求不高的设备和管路	易燃、易爆、脱脂性能较差
5	95%浓硝酸	浓硝酸装置的部分管件和瓷环等	有腐蚀性

（3）安全与维护

污水处理工程中隔油池、油水分离器如何进行日常维护：

①隔油池可直接安装在含油污水流经的通道上，把污水出口对准油水分离器的进口，与其他设备可用管道连接。底部的排污管线与污泥脱水装置连通，如未配污泥脱水装置可直接排入排污管。

②调整其水平位置。保证隔油池平稳，才能正常使用。

③第一次使用隔油池前，应先把设备注满自来水，直到出油口只出油不出水为止。

④设备安装后，不得随意乱动，否则将影响出水水质。

⑤每天使用后，应将进水口过滤网上的杂物倒掉，并清理干净。

⑥每天使用后，将水上浮油清除掉，箱体每2周清扫一次，将粘在隔板金属表面的油污用刀刮掉，底部垃圾要求清除干净。清理完毕恢复原状。

⑦当隔油池的出水、排水管堵塞时，将箱盖罩拿掉，因有臭气溢出，应快速清通，清通后将排水口迅速盖上。

⑧在使用过程中应定期冲洗设备内部，一般每半个月冲洗一次，或视情况而定。

特别说明，运行维护人员在运行维护过程中要经常向农户提示讲解：隔油池清除废水中的油脂有限，过量的油污及废物必须尽量减少排入废水中。农户在清洗碗碟和煮食器具之前，应当把剩余的肮脏物抹去，并放入垃圾桶内；在洗涤或清洁预备食物前，提前把废物倒入垃圾桶内，尽量减少排入隔油池内的废物量和油脂量。

3. 化粪池的运行与维护

通常情况下，在一户或者几户农户生活污水出户处设置化粪池，主要用于粪便污水预处理。化粪池的施工应参考《镇（乡）村排水工程技术规程》CJJ 124—2008的相关规定。可选用预制成品，或现场建造，应便于清掏池底污泥。一般粪便经3个月以上的厌氧降解后便可清掏出作肥料使用。污水在化粪池中停留时间宜采用12 ~ 36h。化粪池容积应包括贮存污泥的容积，可根据《镇（乡）村排水工程技术规程》进行计算。化粪池应设在室外，其外壁距农房宜根据各地农房性质、基础条件确定，如条件限制设置于机动车道下时，池底和池壁应按机动车荷载核算。

（1）化粪池的日常检查

化粪池的日常检查工作主要包括以下内容：

①检查池内水面漂浮物情况，如发现及时清理。

②检查池内水位及池体情况，确保池体无破损和渗漏，防止满溢。

③检查池底沉渣的沉积情况，如沉积情况严重应及时清理。

④检查井盖板上的垃圾、污物、杂物，井盖是否完整、是否安全。

⑤检查粪污管道和粪管连接井有无损坏、有无堵塞。

⑥查看是否做好安全标示，禁止在周边玩耍及燃放鞭炮。

（2）化粪池的定期清掏与清运

池底清掏：一般对化粪池池底进行人工清渣，对打捞出的废渣进行无害化处理，禁止随意堆放。清掏周期的确定：①粪皮厚度大于40cm；②底部浮渣距出水管高度小于7.5cm；③底部污泥容积占50%；④表层（水面）距池顶高度小于250cm；⑤污水处理效果变差；⑥化粪池溢流。如果上述情况均未发生，可按化粪池清掏计划定期清掏；每年至少清掏一次。

定期清运：用抽粪车进行定期清运，防止满溢以及水面漂浮物固化结块堵塞管道。清理工作流程：用吸粪车一部，用铁钩打开化粪池的盖板，敞开7min后，再用竹竿搅动化粪池内杂物结块层；把车开到工作现场，套好吸粪车胶管放入化粪池内；启动吸粪车的开关，吸出粪便至化粪池内的化粪结块物吸完为止；盖回化粪池井盖，工作现场用清水冲洗干净。

4. 污水管道系统的运行与维护

（1）污水管道主要检查项目

污水管道主要检查项目　　表4-3

检查类别	功能状况	结构状况
管道状况	管道积泥	裂缝
	检查井积泥	变形

续表

检查类别	功能状况	结构状况
管道状况	排放口积泥	错口
	泥垢和油脂	脱节
	树根	破损和孔洞
	水位和水流	渗漏
	残墙、坝根	异管穿入
应急事故检查	渗漏、裂缝、变形、错口、积水等	

注：表中的积泥包括泥沙、碎砖石、团结的水泥浆及其他异物

（2）污水管道系统日常维护管理

对污水管道进行经常性维护检查，是保证排水畅通的重要措施。维护管理人员应经常检查以下内容：

①污水井口封闭是否严密，应防止物品落入。

②室外雨水口附近不应堆放砂子、碎石、垃圾等，以免下雨时堆积物随雨水进入管道内，造成管道堵塞。

③检查HDPE管、PVC管、橡胶接头等是否有老化变形。

④每周排查管网系统中出现的漏、坏、堵、溢等异常现象，做到及时处理和修复，并做好相关记录。

⑤查看倒虹管、过障碍物管的畅通情况以及检查是否有工业废水排入管网情况。

⑥倒虹管的保护标志是否完好，字迹是否清晰。

⑦露天管道因日晒雨淋会出现老化、腐蚀、保温材料脱落的现象，应随时注意维护和修理。

⑧定期检查管道支撑是否存在松动、损坏、腐蚀或油漆脱落等情况。

⑨定期检查管道和反应池连接部分是否渗漏和腐蚀，反应池内管道是否出现腐蚀或损坏情况。

（3）污水管道清扫

室外污水管道应定期进行清扫、疏通，确保水流畅通。清扫污水管道时，常用的方法有人工清扫和机械清扫等。较小管径污水管一般由人工用竹劈进行清扫，竹劈由上游检查井推入，在下游检查井抽出，反复推拉几次，将管内沉积物推拉松动，使其随水流冲走，或进入检查井内，用捣勺清除。较大管径污水管可采用机械方法清扫。操作时，先将竹劈穿通须清扫的管段，竹劈末端系上钢丝绳，钢丝绳上再拖以钢丝刷、铁簸箕或松土器等疏通工具，在清扫段两端检查井上面各设一架绞车或电动卷扬机，带动疏通工具往返清扫，直至将管内沉积物刮净。

（4）UPVC、PVC管道维修

管道损坏时须及时更换，更换方式可采用双承活接管配件进行更换。将损坏管段切断更换新管时，应注意将插入管段削成角形坡口，并在原有管段和替换管道的插入管端标刻插入长度标线。

若出现管道穿小孔或接头渗漏情况，则可采用以下两种方法进行维修：

①套补粘接法。即选用同口径管材约20cm，将其纵向剖开，按粘接法进行施工，将剖开套管内面和被补修管外表面打毛，清除毛絮后涂上胶粘剂，然后紧套在漏水点上，再用钢丝绑扎固定在管道上，待胶水固化后即可使用。

②玻璃钢法。即用环氧树脂加一些固化剂配制成树脂溶液，以玻璃纤维布浸润树脂溶液后再均匀缠绕在管道或接头漏缝处，使之固化后成为玻璃钢，即可止水。

5. 污水泵站日常维护管理

污水泵站是城镇排水工程中用以抽升和输送污水的工程设施。是污水系统的重要组成部分，特点是水流连续，水流较小，但变化幅度大，水中污染物含量多。因此，设计时集水池要有足够的调蓄容积，并应考虑备用泵，此外设计时尽量减少对环境的污染，站内要提供较好的管理、检修条件。

污水泵站由格栅间、集水池、机器间、进出水管路、变配电间、值班室、工具间、盥洗室，以及事故出水口等组成。格栅间是在污水进水口处设置有一定缝隙的钢制格栅（又称拦污栅），以拦截污水中的杂物，防止杂物阻塞污水泵。格栅上设人工操作或由水位控制自动操作的机械耙，定期或适时清除格栅上截留的杂物。集水池兼有集水和储水作用，以满足污水泵启动所需的最小水量。集水池的容积一般不小于最大的一台水泵5min的出水量。机器间装置污水泵、电机、进出水零件、闸门及其他附属设备等。变配电间装置电源变压器和配电设备。

部分农村生活污水由管网收集后通过污水泵站直接纳入市政污水处理厂进行处理，对于管网系统中污水泵站的维护，建议做好如下内容：

（1）泵站内集水池、格栅，每月清理一次，若污水杂物较多时，可缩短清理周期。

（2）定期巡查泵站集水池，如发现大片漂浮物等可能堵塞潜污泵叶轮的杂物时应及时清理。

（3）定期检查泵站内是否有渗漏、腐蚀现象，如有应及时上报并进行修复。

（4）如发现水泵出现频繁起停现象，检查泵站液位控制系统是否出现故障，如有及时修理。

6. 检查井的巡检和保养

检查井是排水管道系统上为检查和清理管道而设立的窨井。同时还起连接管段和管道系统的通风作用。相邻两井之间管段应在一条直线上，因此，在管道断面改变处、坡度改变处、交汇处、高程改变处都需设置检查井，在过长的直线管段上也需分段设置检查井（根据管道直径和雨、污水类型规定分段间距）。

（1）检查井主要巡检内容（表4–4）

检查井主要巡检内容 表4-4

外部巡检	内部检查
井盖埋没	链条或锁具
井盖丢失	井壁泥垢
井盖破损	井壁裂缝
井框破损	抹面脱落

续表

外部巡检	内部检查
盖、框高差	管口孔洞
盖框突出或凹陷	流槽破损
外部巡检	内部检查
周边路面破损	井底积泥
井盖标识错误	水流不畅
其他	浮渣

（2）检查井的保养

主要工作：垃圾、积泥等杂物清理、井盖井壁维修。

①检查井清掏采用人工清掏，管道疏通根据管径和具体情况采用推杆疏通、射水疏通、绞车疏通、水力疏通或人工铲挖等方法。具体为：用铁钩打开检查井盖，人下到管段两边检查井的井底；用长竹片捅捣管内粘附物，用压力水枪冲刷管道内壁，用铁铲把粘在井内壁的杂物清理干净；用捞筛捞起井内悬浮物，防止其下流时造成堵塞；复原检查井盖，用水冲洗地面；将垃圾用竹筐或塑料桶清运至就近垃圾中转站。

②井盖缺失或损坏后，及时安放防护栏和警示标志，并应在8h内恢复。

③在清理过程时，须先对井通风，在确保构筑物内的有毒、有害气体经充分稀释或排出后方可进入作业，以免发生事故。

7. 清扫井的维护保养

“清扫井”是农户门前的挡污设施，挡板能阻隔滞留生活用水中的非液态的垃圾、杂物等，将过滤后的污水排入地下管网。

（1）定期清理积聚在清扫井内的油垢，防止油垢积聚在厨房的出水管内。

（2）清扫井每周检查一次，如发现油垢积聚量超过液体体积的三成，要立刻清理。

（3）在清理清扫井时，应确保无废水排入，清理时要小心、仔细，不应在清扫井内留下任何油脂块和杂物，否则会造成淤塞。

（4）清理出来的废物不得随意丢弃或倾倒，清理后放入防渗的袋子或桶中，和其他厨房废物一并妥善处理。

（5）清理时应同时清理井内附着在格栅板表面的固体物质及结垢物，确保过水孔水流顺畅；清理后及时盖好井盖，并用消毒剂清洁周围的环境。

（6）不可将清扫井的废物弃置于厕所、雨水口、明渠或沙井内。

8. 控制房具体维护内容和注意事项

控制房的具体维护内容：

（1）须定期到控制房内检查是否有水汽、凝露、发霉等现象发生，若有此类现象应及时清除。条件允许时可临时装上加热器和风扇，驱散潮气。

（2）处理设施正常运行时或人员即将离开前，应及时关上控制房房门，定期清理控制房内灰尘。

（3）注意检查窗户、换气扇等是否完好，对破损窗户、换气扇应及时进行维修更换。

（4）定期对门锁进行全面检查，注意门锁紧固螺钉有否松动，如有松动应采取措施确保其紧固。

不同材质的控制房平时维护时应注意的事项：

（1）木制材质控制房：定期做好清洁、维修和维护。日晒雨淋后要经常检查是否有木头腐烂、开裂、破损，油漆脱落等情况发生，还应注意防腐、防虫、防火，必要时可对腐烂、破损、开裂的地方进行修补，重新补漆处理。

（2）碳钢材质控制房：

①必须保持碳钢结构表面的清洁和干燥，对易积尘的地方应定期清理。

②定期检查碳钢结构防腐涂层的完好状况，涂层损坏应及时进行维修。

③受高温影响的碳钢控制房应加设防护板，起到保护涂层免遭高温破坏的作用。

④尽量避免接触有侵蚀作用的物质，对于已经接触的应及时清理。

除锈方法：人工除锈、机动除锈、喷砂除锈、用酸洗膏除锈。

（3）不锈钢材质控制房：

①平时要做好不锈钢控制房表面防护，可采用贴保护膜的方式防护；不要让水泥颗粒、洗墙水等附着在不锈钢材质表面。

②清洗不锈钢表面时应注意不要发生表面划伤现象，避免使用含漂白成分以及研磨剂的洗涤液、钢丝球、研磨工具等。

③不锈钢表面污物引起的锈蚀，可用10%硝酸或研磨洗涤剂洗涤，也可用专门的洗涤药品洗涤。

（二）常见问题及处理措施

1. 引起污水管道漏水的原因及采取的措施

管道漏水大多数是管道接口不严，或者管件有砂眼及裂纹造成。地下埋设的污水管道漏水时，还有可能是施工时，管基不牢固、土壤不实或管道埋深过浅，车辆或重物把管道压坏等原因造成的。

属接口不严引起的漏水，应重新填料捣口进行处理，若仍不见效，须用锤子及弯形錾将接口剔开，重新连接；如果是管段或管件有砂眼、裂纹或折断引起漏水，应及时将损坏管件或管段更换，并加套管接头与原有管道接通；如因埋深太浅引起管道损坏漏水，在修复后还应采取相应加固措施，防止管道再次被损坏。

2. 引起污水管道堵塞的原因及采取的措施

管道铺设坡度太小或有倒坡现象，引起管内水流速度过慢或水中杂质在管内长时间沉积都能使管道堵塞。由于使用者不注意，将硬块、破布、棉纱等掉入管内也会引起管道堵塞。

当室内污水管道堵塞时，会引起地漏和卫生器具下部冒水，或从低器具向外返水。修理时，先应判断堵塞物的位置，然后决定排除方法。

若发现单个卫生器具不下水，则堵塞物可能在卫生器具存水弯里。一般可用抽子抽吸几次，直到堵塞物排出即可。

如果在同一层中有些卫生器具不下水，而另一些却下水，那么堵塞物可能在污水横管中部的下水与不下水两个器具中间的管段内，这时可打开扫除口，用竹劈或钢丝疏通；如果是单层房屋，可由室外检查井向室内疏通；经疏通后不起作用，说明硬块比较大，卡得很严实，这时可在堵塞物附近管件的上部或旁边用尖錾凿洞疏通。疏通后用木塞塞住洞口，或垫上胶皮用卡子卡住；如果同一层中由一根横管所接纳的器具全部不下水，而上、下层排水畅通，说明堵塞物可能在横向污水管末端与立管连接处，这时也可采用上述方法进行处理。

当同一排水立管承接的卫生器具中，下部的器具排水正常，而中间层的器具虽无用户排水，却有污水由器具排水口往上返水，说明立管堵塞，堵塞物可能在返水器具以下立管段上。此时，可由立管检查口盖或从房顶透气孔，用竹劈或钢丝向下进行疏通。

室外污水管道堵塞时，检查井内产生积水或往外溢水，室内卫生器具排水也不畅通。此时，可先沿管线检查污水检查井内积水情况，当发现邻近两个检查井中，一个积水严重，另一个却无积水现象，那么堵塞位置可能就在这两个检查井之间的管段内。这时可用捣勺清除无积水检查井内污物，对堵塞管段进行疏通。管径大的用竹劈，管径小的用钢丝。若堵塞物离检查井很远，难于疏通时，可在适当位置挖出管道，把管子凿个洞进行疏通。待畅通后用水泥砂浆补好。

3. 管道脱节、断裂的处理

管道脱节、断裂会导致污水大量渗漏，污染环境，严重时还会隔断污水的排放路径，使上游污水外溢，因此对管道脱节现象的处理必须及时。处理时应对上游井进行堵闭，采用污水泵将上游污水抽入下游井或临时引入到雨水井系统。开挖及检查其破坏的严重程度，可采用内衬法修补，即用HDPE内衬与脱节或断裂的管道中，进行加热内衬，此种方法会减少管径，因此采用前必须对流量进行验算，在保证大流量的前提下采用，或者采用加检查井的方法，就是在断裂处或脱节处增加一个检查井。而对于排水量较大，无法断水或破坏的管线在建筑物内时，可采用修建跨越井段的办法，待跨越井段竣工后放水，再将原井段堵死，废弃。这种方法，往往涉及管位的变动，所以事先要对附近管线进行详细调查，提出施工方案。

4. 管网发生突发性爆管时的抢修

当管网发生突发性爆管时，应当进行管道抢修工作，如何停止爆管段的水泄漏是当务之急。一般来说，须制定完善的管线抢修预案，遵守爆漏信息接收、应急调度、紧急关阀停水、抢修施工的流程。处理过程的关键在于有效控制事态扩大，缩短修复与停水时间，将损害降至最低。

（1）管道抢修管理方案

①中小管道的爆漏抢修。主要针对口径不超过100mm的阀门或管道漏水的小工程抢修工作，当值班小组人员接收到抢修信息后，立即前往事故现场检查漏水情况，如现场条件允许就应立即开始抢修施工，如现场条件不允许，则应及时向上级汇报现场情况。

②大型突发性爆管抢修。大型突发性爆管事故发生时，应立即将相关阀门关闭，爆管管段也立即停止进水，尽可能减缓事故影响范围的蔓延和扩大。合理调度人员、机械以及车辆，进行抢修维护工作，以最快的速度恢复管道和正常运行。

（2）爆管抢修应急预案

①建立应急抢修分队。针对不可预知的突发性爆管事件，组建应急抢修小分队。无抢修任务时，各成员在各自的岗位上进行日常性工作，一旦遇到突发性爆管事故，抢修人

员在第一时间内应集结或赶赴爆管现场，随时投入抢修任务。同时确保抢修人员手机24h畅通。

②抢修机具材料的储备。为做好爆管抢修工作，应提前储备部分通用的抢修材料如钢管、快干水泥等，机具如潜水泵、发电机、小型焊机、挖机等。

③抢修预案演练。平常利用维修空闲时间，或雨天不宜外出时间，模拟爆管事故、推演分析、制定预案。

五、农村生活污水处理设施终端运行维护

（一）日常运行维护流程

流程图如图5-1所示。

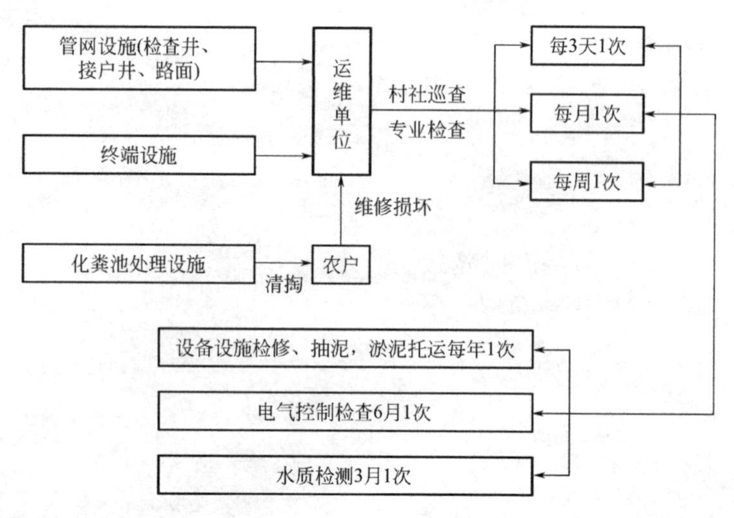

图5-1 日常运维流程

（二）日常运行操作

1. 预处理设施

（1）格栅的运行与维护

格栅是一种用金属栅条制成的金属框架，斜置在废水流经的管道上，或泵站集水池的进口处，用以截阻大块的呈悬浮或漂浮状态的固体污染物，以免堵塞水泵和沉淀池的排泥管。截留效果取决于缝隙宽度和水的性质。

1）工艺原理及过程

格栅的主要作用可将污水中的大块污物拦截出来，因为这些大块污物将堵塞后续单元的机泵或工艺管线。格栅上的拦截物称为栅渣，其中包括数十种杂物，如树杈、木塞、塑料袋、破布条、碎砖石块、瓶盖、尼龙绳等悬浮固体污染物均能在栅渣中发现。

格栅有很多种类。按栅条的形式分有直棒式栅条格栅、弧形格栅、辐射式格栅、转筒式格栅和活动栅条格栅，最常见的是直棒式栅条格栅。近年来，国内一些处理厂在泵房后

沉砂池前设置了弧形格栅。按照栅条之间的距离即栅距来分，有粗格栅和细格栅。近年来，由于各种格栅的使用，有人将格栅分成三类：栅距大于40mm的为粗格栅，也称保护型格栅；栅距在15 ~ 25mm的为中格栅；栅距在4 ~ 10mm的为细格栅。国内有的处理厂只设置一道中格栅，有的厂则设一粗一中，也有的处理厂设一中一细。格栅如何设置，取决于上游排水系统的情况以及处理厂内后续处理单元的要求。如污水处理设施河道上游排水系统为合流制，处理厂内有大量易堵塞的设备和工艺管线，那么最好粗中细格栅各设一道。一般情况下，粗格栅拦截的栅渣并不太多，只有一些非常大的污物，但它能有效地保护中格栅的正常运行。中格栅对栅渣的拦截发挥主要作用，绝大部分栅渣将在中格栅被拦截下来，细格栅将进一步拦截剩余的栅渣。设置这样的格栅，可彻底免去后续处理单元的堵塞问题和浮渣问题。由于每个国家栅渣的大小组成不一样，对格栅的粗细分类也不同。如美国将粗格栅称之为筛网，将中格栅称为粗格栅，格栅栅距一般仅为6.4mm，细格栅栅距在2.3 ~ 6.4mm之间，做成转筒式。

除栅距外，格栅还有两个重要的工艺参数：过栅流速和水头损失。这两个参数在运行管理中是非常重要的。污水在栅前渠道内的流速一般控制在0.4 ~ 0.8m/s，经格栅的流速一般控制在0.6 ~ 1.0m/s。过栅流速不能太大，否则将把本应拦截下来的软性栅渣冲走。同时，过栅流速也不能太小。如果过栅流速低于0.6m/s，栅前渠道内的流速将有可能低于0.4m/s，污水中粒径较大的砂粒将有可能在栅前渠道内沉积。污水过栅水头损失与过栅流速有关，一般在0.2 ~ 0.5m之间。如果过栅水头损失即格栅前后水位差增大，说明污水过栅流速增大。此时，有可能是过栅水量增加，更有可能是格栅局部被堵死。如过栅水头损失减少，说明过栅流速降低，此时要注意砂在栅前渠道内的沉积。

栅渣清除方式也有多种。粗格栅的栅渣一般采用人工清除。中格栅和细格栅一般采用机械清除。按除污的基本结构，除污机分为齿耙式除污机和钢绳式格栅除污机。从安装方式上，有垂直安装、倾斜安装。这些除污机在国内处理厂都有采用。近年来，有的除污机还利用电机的变频调速技术，实现除污速度的无级调节，适应了栅渣量变化的需要。上述各种除污机，虽然各有利弊，但只要精心操作维护，都能满足格栅除污的需要。格栅除污机的控制方式一般有三种：手动现场开停；时间程序控制方式，即定时开停；栅前后液位差控制。不管采用哪种控制方式，都要求操作人员经常巡检。

栅渣量与很多因素有关系，首先是上游排水系统的状况。排水系统是分流制还是合流制，排水系统的服务人口以及居民的生活习惯，工业废水的种类及预处理程度等直接决定栅渣的多少。另外，格栅种类也影响栅渣量。很明显，栅距越小，拦截的栅渣也就越多。较准确地掌握并估计栅渣发生量，对运行管理是很重要的。

栅渣的表观密度约960kg/m^3，含水率80%，有机成分高达85%，极易腐败，污染环境。有的处理厂设有栅渣压榨机，将栅渣压榨后使其含水率降低，然后打包运至垃圾处理厂。有的处理厂设破碎机，将其就地破碎后再返回污水，连同污泥一起处理。采用后面一种处置方法的处理厂仍然发现了堵塞问题，其原因是破碎后的碎栅渣在水流涡动下，经常扭成绳状，继续堵塞管道和机泵。

寒冷地区的处理厂一般将格栅设在室内，采取强制通风措施。格栅设在室外的处理厂，冬季要注意防冻。

2）运行与管理

①过栅流速的控制

合理地控制过栅流速，能够使格栅最大限度地发挥拦截作用，保持最高的拦截效率。直观地看，污水过栅越缓慢，拦污效果越好，但当缓慢至砂在栅前渠道及栅下沉积，过水断面会缩小，反而使流速变大。前已述及，污水在栅前渠道流速一般控制在0.4 ~ 0.8m/s，过栅流速应控制在0.6 ~ 1.0m/s，具体控制到多少，应视处理厂来水中污物的组成以及格栅间距等具体情况而定。有的处理厂污水污物粒径主要分布在0.1mm左右，栅前渠道内流速控制在0.3m/s，也不会产生积砂现象。一些处理厂来水中绝大部分的尺寸比格栅栅距大得多，此时过栅流速达到1.2m/s也能保证较好的拦污效果。运行人员应在运转实践中摸索出本厂的过栅流速控制范围。

②栅渣的清除

即使清除栅渣，也是保证过栅流速在合理范围内的重要措施。清污次数太少，栅渣在格栅上长时间附着，使过栅断面减少，造成过栅流速增大，拦污效率下降。某台格栅如果清污不及时，由于阻力增大，会造成流量在每台格栅上分配不均匀，同样降低拦率。因此，应将每一台格栅上的栅渣都及时清除。

单纯从清污来看，利用栅前液位差，即用过栅水头损失来自动控制清污，是最好的方式。因为只要格栅上有栅渣累积，水头损失必然增大。但在一些处理厂的冬季运行且过热蒸汽冷凝使液位计探头测量不准确，会导致控制失误。定时开停的除污方式比较稳定，但当栅渣量增多时，也可能造成清污不及时。手动开停方式虽然操作量较大，但只要精心操作，也能够保证及时清污。不管采用哪种清污方式，值班人员都应经常到现场巡检，观察格栅上栅渣的累积情况，并估计栅前后液位差是否超过最大值，做到及时清污。超负荷运转的格栅间，尤应加强巡检。

栅渣发生量虽决定于很多因素，但也有一定的变化规律，如一天内什么时候最多，随着季节有什么变化，值班人员注意摸索总结这些规律，对提高工作效率是很有帮助的。

③定期检查渠道的沉砂情况

格栅前后渠道内积砂除与流速有关外，还与渠道底部流水面的坡度和粗糙度等因素有关系，应定期检查渠道内的积砂情况，及时清砂并排除积砂原因。

④格栅除污机的维护管理

格栅除污机系污水处理厂内最易发生故障的设备之一，巡检时应注意有无异常声音，栅条是否变形，应定期加油保养。

⑤分析测量与记录

应记录每天发生的栅渣量，用容量或重量均可。根据栅渣量的变化，可以间接判断格栅的拦污效率。当栅渣比历史记录减少时，应分析格栅是否运行不正常。

判断拦污效率的另一个间接途径，是经常观察初沉池和浓缩池的浮渣尺寸。这些浮渣中尺寸大于格栅栅距的污物太多时，说明格栅拦污效率不高，应分析过栅流速控制是否合理，是否应及时清污。

3）安全与维护

污水在长途输送过程中腐化，产生的硫化氢和甲硫醇等恶臭有毒气体将在格栅间大量释放出来。半敞开的格栅间内，恶臭强度一般在70 ~ 90个臭气单位，最高可达130多个臭气单位。因此，建在室内的格栅间应采取强制通风措施，夏季应保证每小时换气10次以上。有些处理厂在上游主干线内采取一些简易的通风或曝气措施，也能大大降低格栅间的恶臭强度。以上控制恶臭的措施，既有益于值班人员的身体健康，又能减轻硫化氢对除污设备的腐蚀。

另外，清除的栅渣应及时运走处置掉，防止腐败产生恶臭。栅渣堆放处应经常清洗，很少的一点栅渣腐败后，也能在较大空间内产生强烈的恶臭。栅渣压榨机排出的压榨液中恶臭物质含量也非常高，应及时用管道导入污水渠道中，严禁明槽流入或地面漫流。其他还应注意：

①运行人员应在运转实践中摸索出本厂的过栅流速控制范围。

②应经常检查并调节格栅前的流量调节的阀门或启闭机，使之在各渠道内的水量分配均匀，并保证过栅流速设计要求。

③值班人员都应经常到现场巡检，观察格栅上栅渣的累积情况，并估计栅前后液位差是否超过最大值，做到及时清污。超负荷运转的格栅间，尤应加强巡检。

④对于用皮带输送机或螺旋输送器输送栅渣的污水处理设施，要检查格栅和输送机启动顺序，正常情况下，只要有一台格栅机运行，输送机就要动作，若格栅全部停止，输送机应延时停止，以便清空输送带上的栅渣。

⑤应检查格栅及输送机是否有异常声音，栅条是否变形，栅齿是否脱落，定期加油润滑保养，并保持格栅间清洁。

⑥格栅前后渠道容易沉砂，定期检查渠道内的积砂情况，及时清砂并找出积砂的原因。

对于人工清除污物的格栅，运行管理人员的主要任务是及时清除截留在格栅上的污物，防止栅条间隙堵塞；对于机械格栅，则是保证机械除污机的正常运转。

机械格栅通常采用间隙式的清除装置，其运行方式可用定时装置操作，亦可根据格栅前后渠道的水位差的随动装置控制操作，有时也采用上述两种方法相结合的运行方式。为消除负荷变化的影响，机械格栅装置应设超负荷自动保护装置。

为了保证机械格栅的正常运行，应定制详细的维护检修计划，对设备的各部位进行定期检查维修并认真做好检修记录，如轴承减速器、链条的润滑情况，转动皮带或链条的松紧程度，控制操作的定时装置或水位差的传感装置是否正常等，及时更换损坏的零部件，当机械格栅出现故障或停机检修时，应采用人工方式清污。

（2）集水池的运行与维护

集水池的作用是调节来水量与泵的抽水量之间的不平衡，避免水泵的频繁启动，一般要求集水池的有效容积不小于最大一台水泵5min的抽水量。集水池的布置应该充分考虑清理池底淤泥时操作的方便性，比如要设置吊物孔、出泥孔和爬梯等。

废水中含有有毒有害或易燃性挥发性物质时，集水池应当设置成封闭式，在集水池平面距离最大的两点设通风孔，使集水池液面以上的空气形成最大程度的对流，并在合适的位置安装高空排放的排气筒，必要时还要安装风机强制通风，有时还要在操作人员巡检必须经过的部位设有毒气体标志。

检查集水池水面漂浮垃圾及池底污泥积淤情况，及时清理，清理及处理方式参照格栅井的日常管理；及时检查集水池水位及池体情况，确保集水池无破损和渗漏；若发现井盖破损，及时更换。

（3）阀门井的运行与维护

阀门井是便于定期检查、清洁和疏通管道，防止管道堵塞的枢纽，能在地下管道阀门需要进行开启和关闭部分管网操作或者检修作业时提供便利。

阀门井本身不能渗水，必须保证其密封性；给水管道在使用过程中，管道会受到来自不同方面的压力，从而会产生不同程度的抖动或沉降，即要求给水管道与阀门井的连接方式要可靠，能够适应一定程度的抖动和沉降，而不会使水渗进井室；在埋地很深的阀门井管道稍大时一般都采用铸铁阀门（如截止阀，蝶阀等）。铸铁阀门长期在水里浸泡，会影响其使用寿命或引起断裂，因此对密封性的要求更高；阀门井井筒与井体、井盖的连接方式要可靠，不能因为大雨或积水就渗水进入井室里。阀门井是埋设于地下的，要承受来自各个方向的不同压力，和不同化学物质的腐蚀和侵害，及要求其承压能力和耐酸碱腐蚀性要好。

日常的运行与维护应保证阀门井干净、整洁，不得有积水，如发现阀门井中存在垃圾、树叶等，应及时清理，清理后经分类运送至附近的垃圾中转站集中转运或处理，不得随意倾倒；如发现阀门井中有积水，应清除里面积水，保证阀门及连接管道干燥、干净、整洁；检查止回阀是否漏水或者止回的功能是否能正常发挥，如若漏水及时更换，如失去止回功能应查找原因，及时修复。

（4）沉砂池的运行与维护

沉砂池是一种构筑物，从污水中分离密度较大的无机颗粒，保护水泵和管道免受磨损，缩小污泥处理构筑物容积，提高污泥有机组分的含率，提高污泥作为肥料的价值。一般是设在污水处理厂生化构筑物之前的泥水分离的设施。分离的沉淀物质多为颗粒较大的砂子，沉淀物质密度较大，无机成分高，含水量低。污水在迁移、流动和汇集过程中不可避免会混入泥砂。污水中的砂如果不预先沉降分离去除，则会影响后续处理设备的运行。最主要的是磨损机泵、堵塞管网，干扰甚至破坏生化处理工艺过程。按照其原理和构造，可分为平流沉砂池、曝气沉砂池、旋流沉砂池。

1）工艺原理及过程

①平流沉砂池

平流沉砂池运行最重要的是控制污水在池中的水平流速，并核算停留时间。水平流速应控制在0.14 ~ 0.30m/s之间，如果沉砂以大颗粒为主，水平流速应取较高值，以便减少有机物沉淀；如果沉砂主要以细小颗粒为主，水平流速取低值，以便于颗粒沉淀。停留时间决定沉淀效率，停留时间一般应控制在30s以上。

水平流速的控制方式是改变投入运转的台数，或通过调节出水溢流堰来改变沉砂池的有效水深。一般先调节水深，如不满足要求，再考虑改变台数。

②曝气沉砂池

在池内的旋流速度，旋流速度越大，沉砂效率越高；水平流速越大，沉砂效率越低，当流入沉砂池中的污水量增加时，水平流速增加，此时需要增大曝气强度来保证沉砂效率不降低。

根据入流污水中砂粒的主要粒径分布，在运转中摸索出曝气强度与水平流速的关系，以方便运行，曝气沉砂的水平流速估算方式同平流沉砂池。

③旋流沉砂池

旋流沉砂池操作时要注意各设备之间的工作顺序及工作时间控制。其运行顺序如下：搅拌器在运行命令下达以后，就开始连续运行，风机通过电磁阀与搅拌器的运行相互连锁，由时间继电器延迟，时间一般在0 ~ 30min，以使砂石能沉积下来。然后，风机开始供气，对沉砂进行提升，在风机开启之前，还应首先开启自来水，进行洗砂。风机与砂水分离器交替运行，风机和砂水分离器的运行时间均可依据污水中的含砂量来调节，由时间继电器控制。工作顺序是：沉砂—洗砂—排砂—出砂。

2）运行与管理

①配水与配气

调节沉砂池进水、进气阀门，保证配水、配气均匀，使各组沉砂池保持相同的沉砂效率。

②排砂间隔

对于沉砂池的操作最重要的是掌握排砂量变化规律，合理地安排排砂次数，及时清砂。排砂间隔过长容易堵塞排砂设备，需要用气泵反冲来疏通管道；排砂间隔过短，会造成排砂率增大，增加后续处理难度。

③设备检查保养

定期润滑保养排砂设备，检查设备的噪声和有无剧烈振动等；按时巡视并做好工作记录，按时清砂，保持良好的工作环境。若设备停运时间较长，造成积砂过多，不能直接启动排砂泵或刮砂机，应先人工清砂后再启动，避免设备由于过载而损坏。

④安全与维护

a. 操作人员应在工作台上清捞浮渣。

b. 曝气沉砂池运行时，不得随意停止供气。

c. 沉砂池是污水处理设施内发生臭味较大的处理单元，池上操作时间不宜过长，在寒冷地区若将沉砂池建于室内，需要进行强制通风。沉砂应及时处理，避免产生臭味。

d. 为确保运行正常，各种类型的沉砂池均应定时排砂或连续排砂。

e. 沉砂池内的除砂机械应每日至少运行一次，操作人员应现场监视，发现故障应采取处理措施。

f. 沉砂池上的电气设备应做好防潮湿、抗腐蚀处理。

g. 在沉砂池内清捞出的浮渣应集中堆放在指定地点，并及时清除。

h. 除砂机械工作完毕后应将其恢复到待工作状态，沉砂池排出的沉砂应及时外运，不宜长期存放。

i. 为确保运行安全，操作人员应根据池组的设置与水量变化及时调节沉砂池进水闸阀以保持沉砂池污水设计流速；曝气沉砂池的空气量应根据水量的变化进行调节。

j. 对于沉砂池的操作最重要的是掌握排砂量，合理地安排排砂次数，及时清砂。

k. 定期润滑保养排砂设备，检查设备的噪声和有无剧烈振动等；按时巡视并做好工作记录，按时清砂，保持良好的工作环境。若设备停运时间较长，造成积砂过多，不能直接启动排砂泵或刮砂机，应先人工清砂后再启动，避免设备由于过载而损坏。

（5）调节池的运行与维护

调节池是为了保护污水处理系统免受污水高峰流量或浓度变化冲击，在污水处理系统前端设置的污水池。调节池的主要作用是均衡污水的水质和水量，同时还有沉淀、混合、预酸化等功能。

调节池的运行管理要点如下：

①尽管调节池前一般都设置格栅等设施，但池中仍然有可能积累大量沉积物，因此应及时将这些沉淀物清除，以免减小调节池的有效容积影响到调节的效果以及对后续处理设施造成不良影响。

②经常巡查、观察调节池水位变化情况，定期检测调节池进、出水水质。以考察调节池运行情况和调节效果，发现异常问题要及时解决。

（6）初沉池的运行与维护

初沉池一般设置在沉砂池之后、曝气池之前，而二沉池一般设置在曝气池之后、深度处理或排放之前。初沉池的主要作用就是去除污水中密度较大的固体悬浮颗粒，以减轻生物处理的有机负荷，提高活性污泥中微生物的活性。

污水经过格栅截留大块的漂浮物和悬浮物，并经过沉砂池去除密度大于1.5g/cm^{3}的悬浮颗粒后，仍存在许多密度稍小或颗粒较小的悬浮颗粒，这些颗粒的成分以有机物为主。如果含有这些物质的污水直接进入生物处理系统，会增加曝气池的容积负荷和有机负荷，甚至影响微生物对有机物的氧化分解和硝化效果，进而影响二沉池出水水质。

初沉池在运行与维护时应注意以下几点：

①初沉池的常规监测项目有：进出水的水温、pH值、COD、BOD_5、TS、SS及排泥的含固率和挥发性固体含量等。

②检查初沉池水位及池体情况，确保初沉池无破损和渗漏。

③检查初沉池进水口前端的流量计情况，如发现异常，当即查找原因，及时处理。

④检查初沉池水面漂浮垃圾情况，及时清理，并妥善处理，清除物不得随意倾倒。

⑤当发现初沉池内污泥淤积厚度达到30 ~ 50cm以上时应及时采取措施排泥，排出的污泥应妥善处理，不得随意倾倒。

⑥排泥管道至少每月冲洗一次，防止泥沙、油脂等在管道内尤其是阀门处造成淤塞，冬季还应当增加冲洗次数。定期（一般每年一次）将初沉池排空，进行彻底清理检查。

2. 主体处理设施

（1）厌氧池的运行与维护

厌氧池是一种利用厌氧生物的代谢过程，在无氧条件下把污水中的有机污染物转化为无机物和少量细胞物质的构筑物设施。

1）工艺原理

厌氧消化池的作用

厌氧消化是利用兼性菌和厌氧菌进行厌氧生化反应，分解污泥中有机物质的一种污泥处理工艺。在大型污水处理厂中，厌氧消化池是污泥处理的重要组成部分。有机物被厌氧消化分解，污泥中不稳定有机物被兼性菌和厌氧菌分解，使消化后污泥处于稳定状态，不易腐败。通过厌氧消化，污泥中大部分病原菌或蛔虫卵被灭杀或作为有机物被分解，使污泥无害化。在厌氧消化过程中，随着污泥被降解，将产生大量高热值的沼气，可以作为能源回收利用。另外，污泥经消化以后，其中的部分有机氮转化成了氨氮，提高了污泥的肥效，可以使处理后的污泥作为肥料加以利用。污泥消化过程中，一部分污泥被厌氧分解，转化成沼气，使消化后的污泥量降低，这本身也是一种污泥减量过程。

2）影响因素

①pH值。产酸菌和产甲烷菌对pH值的敏感程度差别很大，产甲烷菌对pH值的波动要比产酸菌敏感得多。为了保证厌氧消化的正常进行，控制pH值时，主要应满足产甲烷菌的需要，一般应将消化液的pH值控制在6.8 ~ 7.4的近于中性的范围内。

②碱度。从理论上讲，由于进泥量的周期性变化及其他环境因素的变化，产酸速率和产甲烷速率会经常性地处于波动状态，而二者的步调又很难一致，因而消化液的pH值也很难稳定在6.8 ~ 7.4的近中性范围内。但实践证明，绝大部分处理厂的消化系统，在正常运行时并不需要经常性地人工调整pH值，消化液pH值能自动地保持在6.5 ~ 7.5的范围内。其主要原因是消化液中存在大量的碱度，这些碱度主要以碳酸氢盐（HCO_3^-）的形式存在，在消化液中起着酸碱缓冲的作用，从而使pH值维持在近中性的范围内。

③温度。除pH值和碱度以外，影响消化的另一个重要因素是污泥的温度。由于产甲烷菌繁殖代谢速度较慢，内部整个消化过程的速率由产甲烷阶段控制。产甲烷菌正常生存的温度范围较一般细菌大，一般在10 ~ 60℃之间。产甲烷菌活性从总体上看，存在两个高效区间，在55℃左右，消化效率最高，消化时间仅需15d；35℃左右，消化效率也较高，消化时间约需20d。

按照消化温度的不同，消化常分为三类：高温消化、中温消化和常温消化。高温消化温度可在50 ~ 56℃之间，常采55℃；中温消化的温度可在30 ~ 38℃，常采用35℃；常温消化一般不加热，不控制消化温度，因而消化温度处于波动状态，常在15 ~ 25℃之间。常温消化要达到一定的消化效果需要很长的停留时间，池容需很大，因此实际中很少采用。

高温消化的有机物分解率和沼气产量会略高于中温消化，但需要增加很多加热量，一般认为得不偿失，因而采用的不多。

④消化时间与负荷。对于一套特定的消化系统来说，其消化能力也是一定的。常用最短允许消化时间和最大允许有机负荷两个指标来衡量消化能力。最短允许消化时间是指达到要求的消化效果时，污泥在消化池内的最短允许水力停留时间，常用t表示。最大允许有机负荷是指达到要求的消化效果时，单位消化池容积在单位时间内所能消化的最大有机物量，常用F_v表示。t越小，F_v越大，系统的消化能力也越大。处理厂在运行实践中应摸索出本厂消化池的t和F_v的范围。

⑤混合搅拌。消化池内需保持良好的混合搅拌。搅拌的作用在于：使污泥颗粒与厌氧微生物均匀地混合接触；使消化池各处的污泥浓度、pH值、微生物种群等保持均匀一致；及时将热量传递至池内各部位，使加热均匀；在出现有机物冲击负荷或有毒物质进入时，均匀地搅拌混合可使其冲击或毒性降至最低。通过以上几个方面的作用，提高容积利用率，使消化池有效容积增至最大。有效的搅拌混合，可大大降低池底泥砂的沉积及液面浮渣的形成。常用的混合搅拌方式一般有三大类：机械搅拌、水力循环搅拌和沼气搅拌。

⑥毒性。甲烷菌是一类很脆弱的细菌，很多物质都能使其中毒，降低其代谢活性。重金属普遍对甲烷菌具有很强的毒害作用。一些轻金属在一定浓度下对甲烷菌也有抑制作用。

氨在1500mg/L（以N计）之下时，对甲烷菌有利，因它能与CO_2生成NH_4HCO_3，起缓冲作用；NH_3浓度在1500 ~ 3000mg/L（以N计）之间时，能抑制甲烷菌的活性，降低甲烷产量；NH_3浓度在3000mg/L以上时，则直接导致甲烷菌中毒，停止甲烷的产生。

当pH值在中性附近时，S^{2-}的浓度超过200mg/L，也将导致甲烷菌中毒。

以上各种毒物的两种或数种共存于同一消化液时，有时会相互将部分毒性抵消。例如S^{2-}与重金属共存时，可生成不溶性的重金属硫化物，使其毒性抵消；当钠、钾离子共存时，两者的毒性都会有所降低。

3）监测指标

①消化系统正常运行的分析测量项目：

a．流量：包括投泥量、排泥量和上清液排放量，应测量并记录每一运行周期内的以上各值。

b．pH值：包括进泥、消化液排泥和上清液的pH值，每天至少测两次。

c．含固量：包括进泥、排泥和上清液的含固量，每天至少分析一次。

d．有机成分：包括进泥、排泥和上清液中干固体中的有机成分，每天至少分析一次。

e．碱度：包括测定进泥、排泥、消化液和上清液中的碱度，每天至少一次，小型处理厂可只测消化液中的碱度。

f．挥发性脂肪酸（VFA）：测定进泥、排泥、消化液和上清液中的VFA值，每天至少一次，小型处理厂只测消化液中的VFA。

g．BOD_5：测上清液中的BOD_5值，每两天一次。

h．SS：测上清液中的SS值，每两天一次。

i．NH_3-N：包括进泥、排泥、消化液和上清液中的NH_3-N值，每天一次。

j．TKN：包括进泥、排泥、消化液和上清液中的TKN值，每天一次。

k．TP：测上清液中的TP，每天一次。

l．大肠菌群：测进泥和排泥的大肠菌群，每周一次。

m．蛔虫卵：测进泥和排泥的蛔虫卵数，每周一次。

n．沼气成分分析：应分析沼气中的CH_4、CO_2、H_2S三种气体的含量，每天一次。

o．沼气流量：应尽量连续测量并记录沼气产量。

②计算并记录的指标：有机物分解率即污泥的稳定化程度；分解单位重量有机物的产气量；有机物负荷；消化时间；消化温度。另外，还应记录每个工作周期的操作顺序及每一操作的历时。

4）运行维护

①搅拌系统的控制

良好的搅拌可提供一个均匀的消化环境，是消化效果高效的保证。完全混合搅拌可使池容100%得到有效利用，但实际上消化池有效容积一般仅为池容的70%左右。对于搅拌系统设计不合理或控制不当的消化池，其有效池容会降至实际池容的50%以下。

对于搅拌系统的运行方式，一种方法是采用连续搅拌；另一种采用间歇搅拌，每天搅拌数次，总搅拌时间保持6h之上。目前运行的消化系统绝大部分都采用间歇搅拌运行，但应注意：在投泥过程中，应同时进行搅拌，以便投入的生污泥尽快与池内原消化污泥均匀混合；在蒸汽直接加热过程中，应同时进行搅拌，以便将蒸汽热量尽快散至池内各处，防止局部过热，影响甲烷菌活性；在排泥过程中，如果底部排泥，则尽量不搅拌，如果上部排泥，则宜同时搅拌。

②消化池的日常维护

定期取样分析检测，并根据情况随时进行工艺控制。与活性污泥系统相比，消化系统对工艺条件及环境因素的变化反映更敏感。因此对消化系统的运行控制就需要更加细心。

运行一段时间后，一般应将消化池停用并泄空，进行清砂和清渣。池底积砂太多，一方面会造成排泥困难，另一方面还会缩小有效池容，影响消化效果。池顶部液面如积累浮渣太多，则会阻碍沼气自液相向气相的转移。一般来说，连续运行5年以后应进行清砂。如果运行时间不长，积砂积渣就很多，则应检查沉砂池和格栅除污的效果，加强对预处理的工艺控制和维护管理。日本一些处理厂在消化池底部设有专门的排砂管，用泵定期强制排砂，一般每周排砂一次，从而避免了消化池积砂。实际上，用消化池的放空管定期排砂，也能有效防止砂在消化池的积累。

搅拌系统应予以定期维护。沼气搅拌立管常有被污泥及污物堵塞的现象，可以将其他立管关闭，大气量冲吹被堵塞的立管。机械搅拌桨有污物缠绕时，一些处理厂的机械搅拌可以反转，定期反转可甩掉缠绕的污物。另外，应定期检查搅拌轴穿顶板处的气密性。

加热系统亦应定期检查维护。蒸汽加热立管常有被污泥和污物堵塞现象，可用大气量冲吹。当采用池外热水循环加热时，泥水热交换器常发生堵塞的现象，可用大水量冲吹或拆开清洗。套管式和管壳式热交换器易堵塞，螺旋板式一般不发生堵塞，可在热交换器前后设置压力表，观测堵塞程度。如压差增大，则说明被堵塞，如果堵塞特别频繁，则应从污水的预处理方面寻找原因，加强预处理系统的运行控制与维护管理。

消化过程的特点，是系统内极易结垢。管道内结垢将增大管道阻力，如果热交换器结垢，则降低热交换效率。在管路上设置活动清洗口，经常用高压水清洗管道，可有效防止垢的增厚。当结垢严重时，最基本的方法是用酸清洗。

消化池使用一段时间后，应停止运行，进行全面的防腐防渗检查与处理。消化池内的腐蚀现象很严重，既有电化学腐蚀，也有生物腐蚀。电化学腐蚀主要是消化过程产生的H_2S在液相内形成氢硫酸导致的腐蚀。生物腐蚀常不被引起重视，而实际腐蚀程度很严重，用于提高气密性和水密性的一些有机防渗防水涂料，经一段时间后常被微生物分解掉，从而失去防水防渗效果。消化池停运放空之后，应根据腐蚀程度，对所有金属部件进行重新防腐处理，对池壁应进行防渗处理。另外，放空消化池以后，应检查池体结构变化：是否有裂缝、是否为通缝，并进行专门处理。重新投运时宜进行满水试验和气密性试验。

一些消化池有时会产生大量泡沫，呈半液半固状，严重时可充满气相空间并带入沼气管路系统，导致沼气利用系统的运行困难。当产生泡沫时，一般说明消化系统运行不稳定，因为泡沫主要是由于CO_2产量太大形成的，当温度波动太大，或进泥量发生突变等，均可导致消化系统运行不稳定，CO_2产量增加，导致泡沫的产生。如果将运行不稳定因素排除，则泡沫一般也会随之消失。在培养消化污泥过程中的某个阶段，由于CO_2产量大，甲烷产量少，也会存在大量泡沫。随着甲烷菌的培养成熟，CO_2产量降低，泡沫也会逐渐消失。消化池的泡沫有时是由于污水处理系统产生的诺卡氏菌引起的，此时曝气池也必然存在大量生物泡沫，对于这种泡沫的控制措施之一是暂不向消化池投放剩余活性污泥，但根本性的措施是控制污水处理系统内的生物泡沫。

消化系统内的许多管路和阀门为间歇运行，因而冬季应注意防冻，应定期检查消化池及加热管路系统的保温效果；如果不佳，应更换保温材料。因为如果不能有效保温，冬季加热的耗热量会增至很大。很多处理厂由于保温效果不好，热损失很大，导致需热量超过了加热系统的负荷，不能保证要求的消化温度，最终造成消化效果的大大降低。

安全运行尤为重要。沼气中的甲烷系易燃易爆气体，因而在消化系统运行中，应注意防爆问题。所有电气设备均应采用防爆型，严禁人为制造明火，例如吸烟，带钉鞋与混凝土地面摩擦，铁器工具相互撞击，电、气焊均可产生明火，导致爆炸危险。经常对系统进行有效的维护，使沼气不泄漏是防止爆炸的根本措施。另外，沼气中含有的H_2S能导致中毒，沼气含量大的空间含氧必然少，容易导致窒息。因此在一些值班或操作位置应设置甲烷浓度超标及氧气报警装置。

（2）好氧池的运行与维护

好氧池是利用污水中的好氧微生物在有游离氧（分子氧）存在的条件下，消化、降解污水中的有机物，使其稳定化、无害化的处理装置。好氧池一般为接触氧化池的形式，池内设置有填料，已经充氧的污水浸没全部填料，并以一定的流速流经填料。微生物一部分以生物膜的形式固着于填料表面，一部分则以絮状悬浮于水中，因此它兼有生物滤池和活性污泥法的特点。接触氧化池中微生物所需的氧通常由人工曝气供给。生物膜生长至一定厚度后，近填料壁的微生物将由于缺氧而进行厌氧代谢，产生的气体及曝气形成的冲刷作用造成部分生物膜脱落，促进了新生物膜的生长，形成生物的新陈代谢。脱落的生物膜随出水进入后续的二沉池。

1）好氧池在日常的运维中应注意以下几点：

①检查好氧池水位及池体情况，确保好氧池无破损和渗漏。

②检查好氧池进出水口情况，防止进出水口堵塞。

③检查好氧池水体中活性污泥量，如果发现水体活性污泥量明显偏多，则有可能发生活性污泥膨胀，原因如下：

a. 有可能是长期曝气量偏大或者偏小造成的（解决方法：根据曝气情况，调节曝气管阀门开度）。

b. 有可能是水温过高（解决方法：测量水温，增大曝气量和进水量）。

c. 有可能是营养不足（解决方法：利用便携式COD测量仪测试好氧池的COD情况，如果COD值偏低，则应当向好氧池添加营养液）。

④检查好氧池水体中是否存在大量白色泡沫，如果有，原因可能是曝气量过大（解决方法：减少曝气量）。

⑤检查好氧池中填料的挂膜情况，若填料上的生物膜生长情况好的话，填料上挂膜则均匀，不易脱落，不显累积。

⑥当好氧池中水温较低时，应采取适当延长曝气时间，提高污泥浓度、增加泥龄等方法，保证污水的处理效果。

⑦检查好氧池中曝气装置的运行和固定情况，发现问题，及时修复。

⑧检查好氧池曝气周期是否正常，发现异常及时调整。

⑨检查好氧池中污泥浓度、SVI等指标，如发现异常分别采取相应措施。

2）厌氧池、缺氧池、好氧池保养

当活性污泥的浓度达到正常运行时浓度后，每年须对池底进行一次清淤：先用捞网将各池水面的漂浮垃圾清除干净，然后用污水泵将池中的上清液提升至沉淀池中，再通过吸泥泵对池底清淤，同时清理进出水口。或采用自吸泵抽泥，将直径大于50mm的硬质管道插入池体底部，开启自吸泵，将底层污泥排出，排出的污泥可用作农作物肥料，或卫生填埋，或采用其他方式资源化利用，不得随意倾倒。当单个池体较大时，应实施多点抽泥，达到排出剩余污泥的目的。

值得注意的是，池体中污泥不能全部清除完，应保证污水正常运行时活性污泥的浓度，清理工作完成后，视情况可对池中污泥投加营养物质进行驯化培养，确保池中的污泥量。

（3）曝气管、填料保养

曝气管是一种新型的曝气设施。又称压缩空气曝气。通常在A/O及A^2/O工艺、CASS工艺、百乐克工艺及改良氧化沟工艺采用这种曝气方法，其原理为利用鼓风机将空气通过输气管道输送到设在池底的曝气装置中，以气泡形式弥散溢出，在气液界面把氧气溶入水中。曝气装置按其应用工艺不同，其型式主要包括膜片式微孔曝气器和旋混曝气器等，其中膜片式微孔曝气器又分为管式微孔曝气器和盘式微孔曝气器两种，此外，还有一种单孔膜曝气器主要用于曝气生物滤池。

1）曝气管工艺原理

曝气管由空气竖管、空气分配管、空气支管、膜片橡胶管式曝气器、管道支架以及冷凝排放系统等构成。曝气工作组件主要有阀门、通气管道和膜片橡胶管式微孔曝气器组成。膜片橡胶管式微孔曝气器采用橡胶材料，膜上有微小自闭孔。工作时曝气管的微孔在空气压力下会自动张开，空气就进入池中进行充氧；如果压力消失，曝气管的微孔就会自动闭合，防止水倒灌流入微孔中。

2）曝气管保养方法

将勾兑好的草酸溶液（一般为1 ∶ 10）注入曝气管主管道，液体顺着主管道流入分布的曝气支管中，让曝气管在酸水中浸泡两三天，然后加大风机的出气量，将酸水排出即可。

3）填料保养方法

微动力一体化设备中厌氧池、缺氧池、好氧池一般都设填料，填料一般选用悬浮填料或悬挂式组合填料、生物弹性填料等。有填料的池体在清淤时，要检查填料是否粘结、大量脱落或填料支架断裂情况，如果出现大量粘结、脱落或填料支架断裂，则应当对填料进行更换处理，对填料支架进行维修。

日常维护：定期检测污泥沉降比SV_{30}，目检填料的生物生长情况，建议3个月一次。生活污水SV_{30}一般在15% ~ 30%，如出现异常情况应分析原因并选择相应对策：

①活性污泥负荷过大，导致污泥沉降性能降低，应发挥调节池作用，均匀水质，提高活性污泥浓度。

②活性污泥老化，导致沉降比异常降低，应根据负荷调整活性污泥浓度，排出部分污泥。

③活性污泥膨胀，详见污泥膨胀对策。

④进水含大量无机悬浮物，导致活性污泥沉降的异常压缩，可适当在调节池投加絮凝剂，并加强排泥。

（4）太阳能微动力设备的运行与维护

1）工艺原理

太阳能微动力污水处理技术以传统A^2/O工艺为基础，由太阳能光伏板、蓄电池组、曝气系统、回流系统、微电脑控制系统和远程通信系统等组成，通过太阳能光伏板将太阳能转为电能，作为曝气设施、回流设施的动力，而多余能量则储存于蓄电池中；根据优化调试后的数据，通过微电脑控制系统，完成自动化控制，自动运行曝气设施、回流设施及搅拌设施。其经过积水、厌氧生物处理、接触氧化、沉淀，从而达标排放。其工艺流程如图5–2所示。

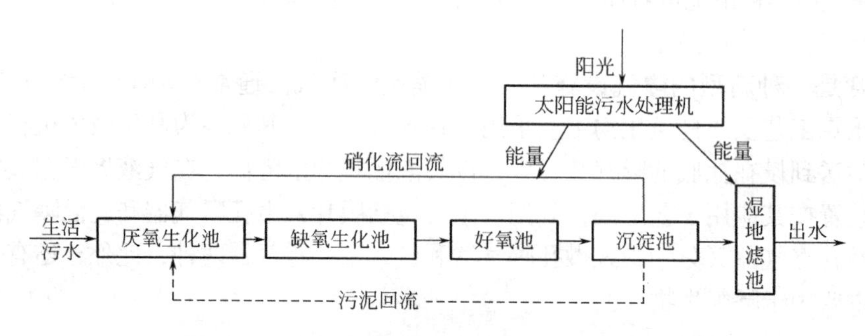

图 5-2　太阳能微动力污水处理技术工艺流程图

太阳能作为能源资源在污水处理的应用中，不仅仅是用于微动力能源，在北方，还可以为水池起到保温作用，提高冬季污水处理效率。该污水处理技术具有清洁、方便、安全、节能等优点。太阳能微动力污水处理技术合理地利用了热量和气候条件，使整个过程更环保、更节能；其运行费用为零，是其他处理工艺所不能相比的。但其也存在着一定的缺点，缺乏专业技术人员，在后期运行和维护过程中有困难。

2）运行与维护

每周应检查运行中的电气设备运行是否正常，是否按照设备使用说明的要求进行日常维护，并记录回流泵、提升泵、风机等电气设备的运行情况；每三个月应至少吊起一次潜水泵。

检查潜水电机引入电缆，测量电机线圈的绝缘电阻；每半年应检测电机线圈的绝缘电阻；设备出现故障时，应及时进行维修或更换，长期不用的水泵应吊出集水池存放，设备出现故障时，应及时进行维修或更换。

电气设备日常检查，应填写检查记录，特殊情况应增加检查次数。电气设备运行中若发生跳闸，在未查明原因前不得重新合闸运行；设备或仪表出现故障时，应及时上报并进行维修或更换。

定期检查太阳能电池组件板间连线是否牢固，方阵汇线盒内的连线是否牢固；检查太阳能电池组件是否有损坏或异常，如破损，栅线消失，热斑等；检查太阳能电池组件接线盒内的旁路二极管是否正常工作。当太阳能电池组件出现问题时，及时更换，并详细记录组件在光伏阵列的具体安装分布位置。

定期检查太阳能设备中逆变器与其他设备的连线是否牢固，检查逆变器的接地连线是否牢固；检查控制器、逆变器内电路板上的元器件有无虚焊现象、有无损坏的元器件。如发现相关问题，应及时修复。

如遇台风、暴雪等自然性突发灾害，应提前关闭水泵、风机电闸，灾后及时重新开启并检查运行情况，若损坏，应及时更换。电缆的绝缘性能必须满足运行要求，电缆终端连接点应保持清洁，相色清晰，无渗漏油，无发热，接地应完好，埋地电缆保护范围内应无打桩、挖掘、种植树木或可能伤及电缆的其他情况。

（5）沉淀池的运行与维护

沉淀池是一种构筑物，它可利用重力沉降作用将密度比水大的悬浮颗粒从水中去除。一般是指在生化前或生化后泥水分离的构筑物，多为分离颗粒较细的污泥。在生化之前的称为初沉池，沉淀的污泥无机成分较多，污泥含水率相对于二沉池污泥低些。位于生化之后的沉淀池一般称为二沉池，多为有机污泥，污泥含水率较高。

二次沉淀池设置在生物处理构筑物之后，用于沉淀去除生物处理出水中的污泥，达到泥水分离目的，它是生物处理系统的重要组成部分。沉淀池根据池内水流方向，可分为平流式、竖流式、辐流式和斜板沉淀池。

1）工艺原理及过程

①平流式沉淀池

平流式沉淀池，污水从池一端流入另一端流出，水按水平方向在池内流动，泥在重力作用下沉到底部。沉淀池呈长方形，由进水区、出水区、沉淀区、缓冲区、积泥区及进口处底部的排泥斗和排泥装置等几个部分组成，如图5–3所示。

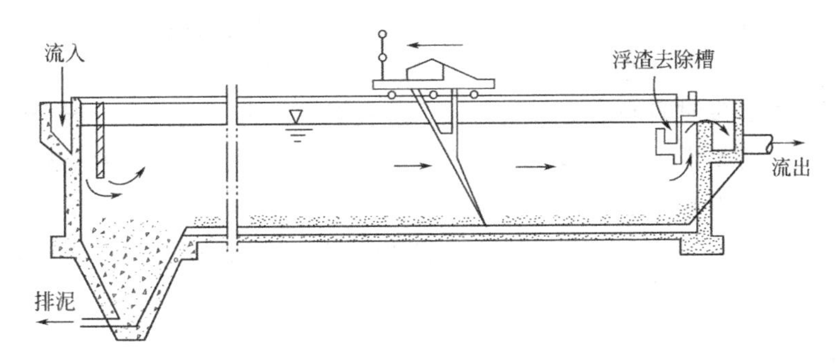

图5-3 平流式沉淀池

平流沉淀池进水区由侧向或槽底开孔的配水槽和进水挡板组成，起到均匀配水和消能的作用。

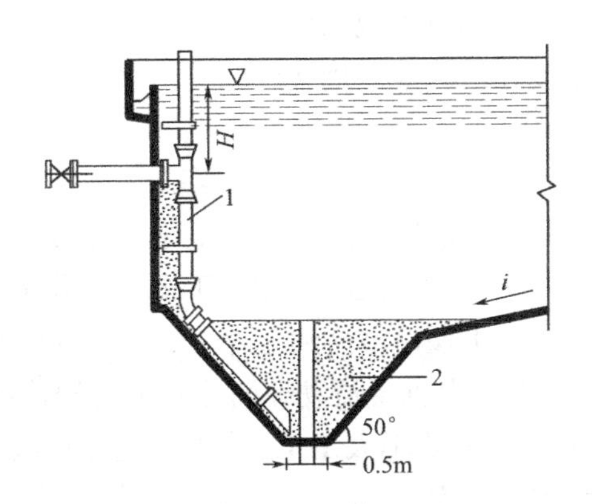

图5-4 沉淀池静水压力排泥

1–排泥管；2–集泥斗

平流沉淀池出水区由出水溢流堰和出水挡板组成。出水溢流堰要求既能保证均匀出流又能控制沉淀池水位，工程上常做成锯齿形三角堰。出流挡板的作用是阻拦浮渣，并设置浮渣收集和排除装置。

沉淀区也称澄清区，即沉淀池的主工作区，是可沉淀颗粒与污水分离的区域。

缓冲层是分隔沉淀区和污泥区的水层，其作用是避免已沉污泥被水流搅起，并缓解冲击负荷。

积泥区起贮存、浓缩和排泥的作用，常用的排泥方法和排泥装置有静水压力法和机械排泥法。静水压力法，利用池内的静水位，将污泥排出池外，如图5–4所示。排泥管直径 d=200mm，插入集泥斗，上端伸出水面便于清通。利用池内的静水位，将污泥排出池外。静水头 H：初次沉淀池不小于1.5m；活性污泥法二沉池不小于0.9m；生物膜法二沉池不小于1.2m。

②斜板（管）沉淀池

斜板（管）沉淀池是根据“浅层沉淀”原理，在沉淀池中加设斜板或蜂窝斜管，以提高沉淀效率的一种沉淀池。按水流与污泥的相对运动方向划分，斜板（管）沉淀池有异向流、同向流和侧向流等三种形式，污水处理中主要采用升流式异向流斜板（管）沉淀池。

斜板（管）沉淀池具有沉淀效率高、停留时间短、占地少等优点，常应用于城市污水的初沉池和小流量工业废水的隔油等预处理过程，其处理效果稳定，维护工作量也不大。很少应用于污水处理的二沉池工艺中，因为经过生物处理的混合液中固体含量较大，使用斜板（管）沉淀池处理时耐冲击负荷能力较差，效果不稳定；而且由于混合液溶解氧含量大，斜板（管）上容易滋生藻类形成生物膜，运行一段时间后可能堵塞斜板（管）的过水面积，清理起来非常困难。

斜板（管）沉淀池的表面负荷比普通沉淀池高约一倍，因此在需要挖掘原有沉淀池潜力或需要压缩沉淀池占地时，可以采用斜板（管）沉淀池。

③辐流式沉淀池

辐流式沉淀池内水流的流态为辐流形，因此，污水由中心或周边进入沉淀池。中心进水辐流式沉淀池的进水管悬吊在桥架下或埋设在池体底板混凝土中，污水首先进入池体的中心管内，然后在进入沉淀池时，经过中心管周围的整流板整流后均匀地向四周辐射流动，上清液经过设在沉淀池四周的出水堰溢流而出，污泥沉降到池底，由刮泥机或刮吸泥机刮到沉淀池中心的集泥斗，再用重力或泵抽吸排出。周边进水辐流式沉淀池进水渠布置在沉淀池四周，上清液经过设在沉淀池四周或中间的出水堰溢流而出，污泥的排出方式与中心进水辐流式沉淀池相同。

④竖流式沉淀池

池体为圆形或方形，污水从中心管的进口进入池中，通过反射板的拦阻向四周流散分布于整个水平断面上，缓慢向上流动。沉降速度大于水流上升速度的悬浮颗粒下沉到污泥斗中，上清液则由池顶四周的出水堰口溢流到池外。竖流式沉淀池基本要求如下：

a. 为保证池内水流的自下而上垂直流动、防止水流呈辐流状态，圆池的直径或方池的边长与沉淀区有效水深的比值一般不大于3，池子的直径一般为4.0 ~ 7.0m，最大不超过10m。圆池直径或正方形池边长 $D \leqslant 7$m时，沉淀出水沿周边流出；$D \geqslant 7$m时，应增加辐射式集水支渠。

b. 水流在竖流式沉淀池内的上升流速为0.5 ~ 1.0mm/s，沉淀时间为1 ~ 1.5h。中心

管内的流速一般应大于100mm/s，其下出口处设有喇叭口和反射板。反射板板底距泥面至少0.3m，喇叭口直径及高度均为中心管直径的1.35倍，反射板直径为喇叭口直径的1.3倍，反射板表面与水平面的倾角为17°。

c. 喇叭口下沿距反射板表面的缝隙高度为0.25 ~ 0.50m，作为初沉池时缝隙中的水流速度应不大于30mm/s，作为二沉池时缝隙中的水流速度应不大于20mm/s。

d. 锥形贮泥斗的倾角为45° ~ 60°，排泥管直径不能小于200mm，排泥管口与池底的距离小于0.2m，敞口的排泥管上端超出水面不能小于0.4m。浮渣挡板淹没深度0.3 ~ 0.4m，高出水面0.1 ~ 0.25m，距集水槽0.25 ~ 0.50m。

2）运行与维护

为确保沉淀池处于正常工作状态，在运行和维护上应注意以下几个方面：

①初沉池一般采用间歇排泥，因此最好实现自动控制；无法实现自控时，要注意总结经验并根据经验人工掌握好排泥次数和排泥时间。当初沉池采用连续排泥时，应注意观察排泥的流量和排放污泥的颜色，使排泥浓度符合工艺要求。

②巡检时注意观察各池的出水量是否均匀，还要观察出水堰出流是否均匀，堰口是否被浮渣封堵，并及时调整或修复。

③巡检时注意观察浮渣斗中的浮渣是否能顺利排出，浮渣刮板与浮渣斗挡板配合是否适当，并及时调整或修复。

④巡检时注意辨听刮泥、刮渣、排泥设备是否有异常声音，同时检查其是否有部件松动等，并及时调整或修复。

⑤排泥管道至少每月冲洗一次，防止泥沙、油脂等在管道内尤其是阀门处造成淤塞，冬季还应当增加冲洗次数。定期（一般每年一次）将初沉池排空，进行彻底清理检查。

⑥按规定对初沉池的常规监测项目进行及时分析化验，尤其是SS等重要项目要及时比较，确定SS去除率是否正常，如果下降应采取必要的整改措施。

⑦斜板（管）沉淀池必须设置冲洗斜板（管）的设施，冲洗可以在检修或临时停运时放空沉淀池，用高压水对斜板（管）内积存的污泥彻底冲刷和清洗，防止污泥堵塞斜板（管）、影响沉淀效果。

⑧出水堰前应设置浮渣挡板，浮渣用装在刮泥机桁架一侧的浮渣刮板收集。

（6）滴滤池运行与维护

滴滤池又称生物滤池，生物膜法中最常用的生物器，使用小块料或塑胶型块作为生物载体，堆放或叠放成滤床，将滤床暴露在空气中，废水洒到滤床上，利用附着其生长的微生物（即生物膜）进行有机污水处理。

1）工艺原理

①浮选。浮选处理单元是采用加压溶气浮选工艺，其增加了气泡对污染物的捕捉机会，彻底将水中的污染物托到水面，使水质得到净化。对油、浊度、COD的去除率高。

②生物过滤。生物滤池工艺原理是利用池中滤料生长起来的菌膜与污水接触，吸附水中的污染物并氧化分解，使污水得到净化。生物滤池是废水深度处理的关键处理单元，主要去除溶解性污染物质，对COD浊度、氨氮有很好的处理效果，是种污水处理设备。

③臭氧活性炭催化氧化。臭氧活性炭催化氧化是将臭氧的强氧化能力与活性炭的吸附、催化能力结合到一起。臭氧与活性炭的协同作用：废水与臭氧进入臭氧活性炭强化氧

化反应器后，水中的污染物及臭氧首先被活性炭吸附，活性炭的吸附作用延长了有机物与臭氧的接触反应时间，活性炭上的催化基团发挥催化作用加速了臭氧对有机物的分解；臭氧对有机物的分解作用使活性炭得到再生，二者协同作用，充分发挥了各自的长处，既保证了出水水质，又使活性炭在运行中得到再生，使其始终处于稳定、高效的运行状态。臭氧活性炭催化氧化处理单元主要作用是杀菌灭藻，同时对COD，也有一定的去除效果。

④高效过滤。主要用于截留填料磨损产生的粉末，可保证出水的浊度达到极低的水平，同时可少量去除BOD、COD。

2）运行与维护

①定期检查布水系统的喷嘴，清除喷口的污物，防止堵塞。冬天停水时，不可使水积存在布水管中以防管道冻裂。旋转式布水器的轴承需定期加油。

②定期检查排水系统，防止堵塞，堵塞处应冲洗。当滤料石块随水流冲下时，要将其冲净，不要排入二沉池，否则会引起管道堵塞或减少池子有效容积。

③滤池蝇防治方法：

a. 连续向滤池投配水；

b. 按照与减少积水相类似的方法减少过量的生物膜；

c. 每周或每两周用废水淹没滤池24h；

d. 冲洗滤池内部暴露的池墙表面，如可延长布水横管，使废水能洒布于壁上，若池壁保持潮湿，则滤池蝇不能生存；

e. 在进水中加氯，维持0.5 ~ 1.0mg/L的余氯量，加药周期为1 ~ 2周，以避免滤池蝇完成生命周期；

f. 隔4 ~ 6周投加一次杀虫剂，以杀死欲进入滤池的成蝇。

④臭味问题。滤池是好氧的，一般不会有严重臭味，若有臭皮蛋味表明有厌氧条件存在。

防止办法：

a. 维持所有的设备（包括沉淀池和废水废气系统）都保持在好氧状态；

b. 降低污泥和生物膜的累积量；

c. 在滤池进水且流量小时短期加氯；

d. 采用滤池出水回流；

e. 保持整个污水处理设施的清洁；

f. 清洗出现堵塞的排水系统；

g. 清洗所有通气口；

h. 在排水系统中鼓风，以增加流通性；

i. 降低特别大的有机负荷，以免引起污泥的积累；

j. 在滤池上加盖并对排放气体除臭。

⑤由于某些原因，有时会在滤池表面形成一个个由污泥堆积成的坑，里面会积水。泥坑的产生会影响布水的均匀程度，并因此而影响处理效果。

预防和补救方法：

a. 耙松滤池表面的石质滤料；

b. 用高压水流冲洗滤料表面；

c．停止在积水面积上布水器的运行，让连续的废水将滤料上的生物膜冲走；

d．在进水中投配游离的氯（5mg/L），历时数小时，隔几周投配，最好在晚间流量小时投配以减少用氯量，1mg/L的氯即能抑制真菌的生长；

e．使滤池停止运行1天至数天，以便让积水滤干；

f．对于有水封墙和可以封住水渠道的滤池用废水至少淹没24h以上；

g．若以上措施仍然无效时，就要考虑更换滤料了，这样做可能比清洗旧滤料更经济些。

⑥滤池表面结冻，不仅使处理效率低，还会使滤池完全失效。

预防和解决办法：

a．减少出水回流次数，可以停止回流直到气候温和为止；

b．在滤池的上向处设挡风装置；

c．调节喷嘴和反射板使滤池布水均匀；

d．及时清除滤池表面出现的冰块。

⑦布水管及喷嘴的堵塞使废水在滤料上分配不均匀，水与滤料的接触面积减少，降低效率，严重时大部分喷嘴堵塞，会使布水器内压力增高而爆裂。

防治方法：

a．清洗所有喷嘴及布水器孔口；

b．提高初沉池对油脂和悬浮物的去除效果；维持适当的水力负荷；

c．按规定定期对布水器进行加油。

⑧防止滋生蜗牛、苔藓和蟑螂的办法：

a．在进水中加氯10mg/L，使滤池出水中的余量为0.5 ~ 1.0mg/L，并维持数小时；

b．用最大的回流量来冲洗滤池。

⑨保持进水的连续运行，避免出现生物膜的异常脱落。

（7）人工湿地运行与维护

人工湿地是利用人工建造和控制运行的与沼泽地类似的地面，将污水、污泥有控制地投配到经人工建造的湿地上，污水与污泥在沿一定方向流动的过程中，主要利用土壤、人工介质、植物、微生物的物理、化学、生物三重协同作用，对污水、污泥进行处理的一种技术。其作用机理包括吸附、滞留、过滤、氧化还原、沉淀、微生物分解、转化、植物遮蔽、残留物积累等。

1）工艺原理及过程

人工湿地由进水管、出水管、透气管、砂砾或岩石填料构成的过滤层、底部不透水层和具有一定净化功能的湿地植物组成。透气管应埋入填料中，其上管口应高出填料300mm，采用土工膜防渗材料或混凝土结构底板进行防渗处理，并在底部设置清淤装置。

在人工湿地中，利用基质—微生物—植物的物理、化学及生化反应的协同作用，使污水得到净化。其中物理作用指污水进入湿地，经过基质层及密集的水生植物茎叶和根系，污水中的悬浮物被过滤、截留后沉积于基质中；化学反应指化学沉淀、吸附、离子交换和氧化还原反应等，这些反应的发生主要取决于所选择的基质类型；生化反应指微生物在好氧、兼氧及厌氧状态下，实现对污染物的降解和去除。以下分述湿地基质、植物和微生物的净化机理。

①湿地基质

湿地基质由砂、砾石、土壤等填料、植物根系和腐殖质等组成。基质填料对污染物起吸附作用。首先，微生物在填料表面附着，并在一定的条件下生长、增殖，成为具有一定厚度和密度的生物膜，填料中存在的腐殖质又为微生物的活动提供了含碳元素的营养物质即碳源。因此基质层既为水生植物提供了生长环境也为微生物的生化反应提供了条件场所。另外，填料的孔隙还可截留污染物，基质填料的透水性和孔隙度关系到污水的流动和水力停留时间，直接影响污水处理的效果。

人工湿地填料应能为植物和微生物提供良好的生长环境，应具有较强的机械强度，较大的孔隙率、比表面积和表面粗糙度，以及良好的生物和化学稳定性。填料可采用碎石、砾石、粗砂、火山岩、沸石、矿渣、炉渣、陶粒等材料加工制作，亦可采用经过加工和筛选的碎砖瓦、混凝土块等材料，宜就近取材。

潜流人工湿地的填料层可采用单一材质或几种材质组合，填料粒径可采用单一规格或多种规格搭配。由上部喷流布水时，宜在布水范围内局部铺设厚50mm，粒径8.0 ~ 15.0mm的砾石覆盖层。

水平潜流人工湿地的填料铺设区域分为进水区、主体区和出水区。进水区长度宜为1.0 ~ 1.5m，出水区长度宜为0.8 ~ 1.0m。垂直潜流人工湿地按水流方向，填料依次为主体填料层、过渡层和排水层。

在人工湿地进水口、出水口处等位置可填充具有吸磷功能的填料，强化除磷效果。吸磷填料的级配应与主体填料的级配一致。

潜流人工湿地填料应采取防止填料堵塞的措施。在保证净化效果的前提下，宜采用直径相对较大的填料，进水端的设计形式应便于清淤。

人工湿地填料层的填料直径、填料深度和装填后的孔隙率，可按《浙江省生活污水人工湿地处理工程技术规程》中规定的内容选定。

②湿地植物

在人工湿地生长的植物首先在截留、过滤污水中悬浮物的同时能从污水中吸收自身生长所需的营养物质，直接去除了部分污染物；湿地植物通过光合作用产生的氧，一部分在根部经过释放、扩散，在根系周围形成一个好氧区，有利于好氧微生物的生长，同时由于好氧生物膜对氧的利用使得在离根系较远的区域形成缺氧状态，在更远的区域呈厌氧状态，这就有利于硝化、反硝化反应和微生物对磷的积累作用，达到脱氮、除磷的效果。有研究表明，湿地植物如芦苇、宽叶香蒲等除对总氮等的去除有明显效果外，还具有较强吸收和富集重金属的能力。

人工湿地植物宜选择耐污去污能力强、根系发达、输氧能力强、抗冻和抗病虫害、收割与管理容易，经济价值高和景观效果好的本土植物。可由一种或几种植物搭配构成。配置时应根据植物的除污特性、生长周期、景观效果、环境条件等因素确定其品种和空间分布。常用的植物为风车草、美人蕉、芦苇、香蒲、菖蒲、再力花、水葱、灯心草、茭白、黑麦草等挺水植物。在表面流人工湿地适宜选凤眼莲、浮萍等漂浮植物，睡莲、荇蓬草等浮叶植物。其种植时间应根据植物生长特性确定，宜选择在春季或初夏，也可在夏末或初秋种植。植物种植时池内应保持一定水深，植物种植完成后，逐步增大水力负荷使其被驯化适应处理水质。种植密度不应小于6株/m^2，潜流人工湿地植物的种植密度宜为

9 ~ 25株/m^2。植物株距宜取0.2 ~ 0.5m，可根据植物种苗类型和单束种苗支数进行适当调整。

③微生物

在人工湿地系统中，微生物在对污染物的吸附和降解中起着关键作用。这些微生物主要指聚居于植物根系周围的土壤中，以根系分泌物（氧气、酶和有机酸）为主要营养和活动能源。研究表明，在土壤中根系区的微生物不仅种类与数量远高于非根系区，且其代谢活动也比非根系区的高。污水在根系区被好氧微生物分解成二氧化碳和水，氨则被硝化菌硝化；在离根系较远的兼性区，随着氧气浓度逐渐降低，硝化作用虽仍存在，但主要是靠反硝化菌将有机物降解，并使氮素物质以氮气的形式释放至大气中；在离根更远的厌氧区，有机物则通过厌氧菌的发酵，分解为二氧化碳和甲烷释放至大气中。污水中的磷化合物、有机磷和溶解性较差的无机磷酸盐都不能直接被湿地植物吸收利用，必须经过磷细菌的代谢活动，将有机磷化合物转变成磷酸盐，将溶解性较差的磷化合物溶解，才能被湿地植物或基质吸附利用，最后通过对湿地植物的收割将磷从湿地中去除。

2）运行与维护

人工湿地的维护包括三个主要方面：水生植物的重新种植、杂草的去除和沉积物的挖掘。当水生植物不适应生活环境时，需调整植物的种类，并重新种植。植物种类的调整需要变换水位。如果水位低于理想高度，可调整出水装置；杂草的过度生长也给湿地植物的生长带来了许多问题。在春天，杂草比湿地植物生长得早，遮住了阳光，阻碍了水生植株幼苗的生长。杂草的去除将会增强湿地的净化功能和经济价值。实践证明，人工湿地的植被种植完成以后，就开始建立良好的植物覆盖，同时进行杂草控制是最理想的管理方式。在春季或夏季，建立植物床的前三个月，用高于床表面5cm的水深淹没可控制杂草的生长。当植物经过三个生长季节，就可以与杂草竞争；由于污水中含有大量的悬浮物，在湿地床的进水全区易产生沉积物堆积。运行一段时间，需挖掘沉积物，以保持稳定的湿地水文水力及净化效果。

人工湿地处理系统在大多数情况下与稳定塘相似，很容易运行。但由于人工湿地是模拟天然的生态系统建造而成，因此在管理上除了要考虑系统结构的维护及运行条件的控制外，还需要考虑到这个生态系统中其他要素的管理和控制，如动物、植物和气味等。只有通过科学的管理和维护，同时加强在突发问题发生后采取适当方法的研究，才能够使人工湿地处理系统充分发挥其处理污水及美化环境的双重功效。

①水位的控制

对于一个设计良好的人工湿地来说，水位控制和流量调整是影响其处理性能的最重要的因素。水位的改变不仅会影响人工湿地处理系统的水力停留时间，还会对大气中的氧向水中扩散造成影响。当水位发生重大变化时，要立即对人工湿地处理系统进行详细的检查，因为这可能是渗漏、出水管的堵塞或护堤损坏等情况造成的。

在冬季进行适当的水位调整可以阻止湿地冰冻。在深秋气候寒冷时，可以将水面提升50cm左右，直到形成一层冰面。当水面完全冰冻后，通过调低水位在冰冻层下形成一个空气隔离层，由于上面冰雪的覆盖，可以保持湿地系统中具有较高的水温。表面流型及潜流型人工湿地均可以采用这种方法来提高其在冬季的处理效果。

而对于潜流型人工湿地来说，植物生长时，保持湿地的水位极其重要。有关研究表明，在人工湿地建立初期，当植物成活后，可以通过降低水位来刺激其地下根系的伸展。这种技术在欧洲已经很成熟，当水位降低后，迫使植物根系向下发展以满足生长对水的需求，刺激了植物根系向下的生长。同时，很多技术人员也发现，在植物的生长季节每个月将湿地排干一次，然后马上升高水位，可以将氧气带入湿地。这不仅有助于氧化沉淀在湿地里的有机碳化物、硫化铁和其他缺氧化合物，并且可能抑制细菌的活性。Aleksandra Driza等研究发现，采用钢渣为填料的潜流型人工湿地，放空并停用4个星期足以恢复填料74%的磷滞留能力。

对于表面流型人工湿地，水位的调整与植物的生长也有密切联系。启动阶段水位应该逐步提高，以免植物幼苗被淹死或脱离土壤随水漂走。在该系统运行期间，管理者可以考虑在每年春天降低水位以促进新芽的生长。这样做可以使阳光更容易穿透水体照射到喜光的植物上。当新芽长出水面后，管理者应该升高水位。当然并不是所有的系统都能够在春天时采用这个方法来增加植物生长量，因为降低水位会影响水力停留时间，进而影响出水水质。

②进出水装置的维护

为了获得人工湿地处理系统预期的处理效果，保持进出水流量的均衡性是非常必要的，这就要求管理者对进出水装置进行定期维护。对进出水装置要进行周期性的检查并对流量进行校正。同时要定期去除容易堵塞进出水管道的残渣。对于使用格栅的人工湿地处理系统，必须定期清洗以防止细菌过量生长，这些细菌在低流量的情况下可能会影响水的流量分布。可以采用高压水枪或机械方法对浸没在水中或埋在填料中的进出水管道进行定期的冲洗。

流入污水中的悬浮固体会在潜流型人工湿地系统的进水段慢慢积累。这些积累物减少了湿地系统中填料间的空隙，从而减少了系统的水力停留时间，使水力传导性下降，严重时会使水面升高而导致漫流。对于调节装置设计合理的湿地系统，可将水位降低几英寸，这相当于增大了湿地系统的坡度，使水的流速加快，从而克服堵塞增加的水流阻力。当湿地系统的漫流情况非常糟糕时，需要将系统前端1/3的植物挖走，并挖出填料，更换上新的填料并重新种植植物。为了避免发生类似的情况，对于那些悬浮固体负荷较高的污水，如具有较高浓度藻类的稳定塘出水，并不推荐采用潜流型人工湿地。

③护堤的维护

要经常对护堤进行检查，防止水面以下护堤的外部斜坡面出现渗水现象，过多的或颜色异常暗绿的植被生长都是出现渗漏的症状。定期清除护堤和堤面上的杂草，以免杂草蔓延到人工湿地处理系统中与湿地植物形成强有力的竞争。对于较浅的潜流型人工湿地处理系统，定期去除湿地床中的树苗也是非常必要的。因为随着树木的生长，其根系可能会穿透防渗膜垫层，同时成熟的树木会遮挡阳光，抑制湿地水生植物的生长。

④植物的管理

对于设计合理并投入运行的人工湿地处理系统来说，常规的植物管理维护并不是必需的。因为植物群落具有良好的自我维护性。它们生长、死亡，在下一年又会继续生长。在环境条件合适的情况下，植物会自然地蔓延到未播种的地方，也会从那些环境压力较大的地方迁移。管理者可以通过收割的方式，控制植物向开阔水域的蔓延。

植物管理主要是维护那些预先种在人工湿地处理系统中的植物种群。正如前面所说，可以通过调节水位来促进植物的生长，对于那些植物量不足的湿地系统，还可能需要采用降低进水负荷、施用杀虫剂或重新种植的方式来改善这一情况。对于潜流型湿地系统产生的杂草，从废水处理的角度来说，这并非完全是坏事，然而杂草会影响系统的美观，有些杂草还会对湿地植物形成强有力的竞争，因此也要看情况进行清除，可以通过春季淹水或手工去除的方法来控制杂草的生长及蔓延。

植物的收割和叶片的去除要根据湿地系统的设计来定。对于表面流型人工湿地来说，死的植物残体会随水漂流，堵塞水位控制装置，如果不去除，还会溢出堤堰而影响出水质量，这种情况在秋季尤为明显。同时，滞留在人工湿地中的湿地植物会分解出大量的N、P及有机物等，使相应污染物的出水浓度增高。但也有学者指出，在表面流型人工湿地土壤层以上形成的落叶沉积层能够强化硝酸盐的去除效率。因此表面流型人工湿地系统可根据处理目标及出水效果的实际情况来决定是否进行植物收割及叶片去除。

对于一个设计及管理良好的潜流型人工湿地处理系统来说，收割植物并不是一定要做的。清除死的植物能够使来年春天新的植物生长的更旺盛。冬天燃烧植物可以用来控制害虫，而留一些落叶可以增加砂砾表面的绝热性，使湿地系统内维持较高的温度。在植物生长高峰季节收割植物有利于去除系统中的氮含量，对系统中磷的去除非常有限，而这同收割成本相比并不合算。不过从审美的观点来看，在每年秋天收割植物后会使来年春天植物生长得更加旺盛和美观。

⑤气味的控制

对于潜流型人工湿地来说，气味基本上不会成为人工湿地处理系统令人困扰的问题。而表面流型人工湿地如果进水负荷过高，会形成厌氧的水域，释放出难闻的气体。这种情况主要是由于进水的有机负荷过高或氨氮负荷过高造成的，因此降低有机物和氮的负荷可以控制湿地系统散发出难闻的气味。由于植物能够将氧气传输到系统中，因此在布局上可以将那些开阔的水域分散在种植较多植物的水域中。如果人工湿地由于厌氧情况使出水中含有较多的硫化氢，那些本来用于向出水中传输氧气并作为景观的小瀑布和跌水等结构，会将水中的硫化氢解吸出来，使这种难闻的气味弥漫到附近的空气中。

⑥蚊蝇的控制

由于蚊子能够传染疾病，影响人类的健康，因此蚊子的控制是表面流型人工湿地处理系统必须考虑的生态问题。尤其当人工湿地处理系统离人类居住区较近时，这个问题如果得不到解决，会引起附近居民的反感。虽然无法做到根除湿地系统中产生的蚊蝇，但通过大量的研究，已经形成了一些比较成熟的控制蚊蝇的方法。

保持人工湿地系统中水体流动是非常有利于减少蚊蝇数量的，可以通过水泵提取或在水面安置机械曝气设备来强化边缘水域的水体流动，这不利于蚊蝇幼虫的发育，同时会增加水中的溶解氧含量，有利于提高出水水质。也可以在人工湿地系统中设置洒水装置，通过向水面洒水来阻碍蚊蝇向水中产卵，这样不仅可以达到控制蚊蝇的目的，还可以和水景观结合起来增加湿地系统的观赏性。

湿地系统中高大的挺水植物成熟后容易发生弯曲或伏倒在水面上，这种生境非常有利于蚊蝇的滋生。因此可以通过加强湿地植物的管理来控制蚊蝇，在水边不种植水生植物，或种植低矮的植株并每年进行收割。必要时可以在蚊蝇产卵的季节使用杆菌杀死蚊卵，或使用能够导致蚊子幼虫发育衰减的激素来控制蚊蝇。

实践证明，向系统中投放食蚊鱼和蜻蜓的幼虫来控制蚊子也是一种非常有效的方法。

这不仅可用在气候温暖的地域，在寒冷的北方，也可以使用食蚊鱼，不过由于其无法越冬，来年需要重新投放。有时候植物的叶片堆积得过于密集，食蚊鱼可能无法到达湿地的所有部分，当出现这种情况时可以适当稀疏植被。同时结合其他自然控制方法，如造蝙蝠穴和构筑燕巢引来燕子和蝙蝠来控制蚊虫也非常有效。

⑦野生生物的控制

人工湿地处理系统运行起来后，会慢慢出现一些野生生物，如鸟类、哺乳动物、爬行动物和昆虫等。这些野生生物形成湿地系统特有的食物链，丰富了湿地系统的生物多样性。野生生物通常被视为有益于维护湿地的处理功能，因为它们从湿地植物中获取营养物质，随后将这些营养物质带走，分布到整体的环境中。然而，针对某些对湿地系统及周围环境带来不良影响的野生生物，则必须加以控制。

麝鼠等啮齿类动物会严重损坏湿地系统中的植物，它们以香蒲和芦苇等植物作为食物，并用其枝叶做窝。同时麝鼠也喜欢在护堤和湿地中打洞，有关研究表明，将堤面坡度设置成5 ： 1或更小时，可以有效地防止护堤上出现洞口。临时提升运行水位可以有效阻止这些动物，同时采用捕鼠夹来诱捕也是行之有效的控制手段。

昆虫也会造成危害，人工湿地处理系统中种植的植物会像农作物一样感染病虫害。虽然植物表观的损坏不会影响处理效果，但会影响人工湿地的美观。因此，病虫害的防治也非常重要。农药等化学药剂并不是防止病虫害的好方法，因为施用农药会向人工湿地处理系统中引入新的污染物。可以在湿地附近营造一些鸟巢，吸引麻雀或燕子等鸟类入住，这些天然的捕食者可以在控制昆虫中发挥积极的作用。

（8）稳定塘运行与维护

稳定塘俗称氧化塘或生物塘，是一种利用天然净化能力对污水进行处理的构筑物的总称。其净化过程与自然水体的自净过程相似。通常是将土地进行适当的人工修整，建成池塘，并设置围堤和防渗层，依靠塘内生长的微生物来处理污水。主要利用菌藻的共同作用处理废水中的有机污染物。

1）工艺原理及过程

生物氧化塘是以太阳能为初始能量，通过在塘中种植水生植物，进行水产和水禽养殖，形成人工生态系统，在太阳能（日光辐射提供能量）作为初始能量的推动下，通过生物氧化塘中多条食物链的物质迁移、转化和能量的逐级传递、转化，将进入塘中污水的有机污染物进行降解和转化，最后不仅去除了污染物，而且以水生植物和水产、水禽的形式作为资源回收，净化的污水也可作为再生资源予以回收利用，使污水处理与利用结合起来，实现污水处理资源化，如图5–5所示。

常用的稳定塘系统的优缺点及适用范围见表5–1所列。

常用稳定塘比较　　表5-1

塘型	优 点	缺 点	适用范围
好氧塘	深度较浅，溶解氧高；基建投资少，运行费用低；处理效果较好；管理简单	面积大，占地多；出水藻类含量高；产生一定臭味	去除营养物，处理溶解性有机物，串联在其他稳定塘后做进一步处理，处理二级处理后的出水

续表

塘型	优 点	缺 点	适用范围
厌氧塘	耐冲击负荷强；占地少；保温效果较好；能降解一些难以好氧菌降解的有机物	对温度要求高	处理有机物含量高的工业或农业污水
兼性塘	基建投资少，运行费用低；塘中的不同部位发挥不同的作用；处理效果较好；管理简单	面积大，占地多；出水水质不稳定；产生一定臭味	处理一级出水、二级出水或厌氧塘出水或小城镇污水
曝气塘	体积小，占地少；对进水水质有较大的受纳能力；处理程度较高	运行费用高；出水中固体物质含量高；处理污水效率受低水温的影响大	二级处理以及三级处理，工业废水的预处理或小型污水处理厂

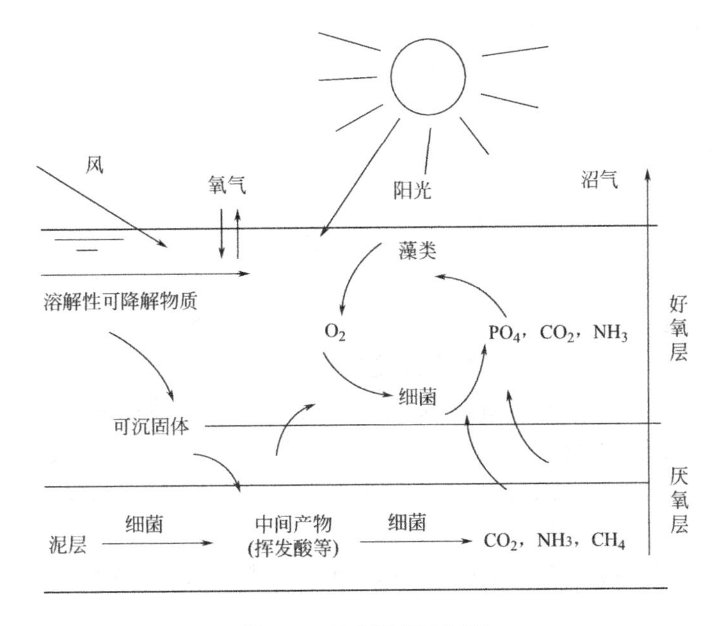

图 5-5　工艺原理及过程

2）运行与维护

稳定塘又称氧化塘、生物塘，是一种利用天然或人工整修的池塘进行污水生物处构筑。也是一种古老的实用污水处理技术。我国古代就有利用塘水自净的历史，例如桑基鱼塘，就是以桑树叶养蚕，又以蚕沙（即蚕屎）作为鱼塘中鱼的饲料，而鱼泄物与污泥分解后又可作为桑树的基肥。桑基鱼塘的特点就在于将“桑基”和“鱼塘”合起来，鱼塘就是一个稳定塘，它起着净化污水、利用污水增加水产品的多重作用。目前在中国农村和城镇约有数万座污水净化养鱼塘。

我国从20世纪60年代末开始，陆续修建了一批稳定塘，塘的数量和质量逐步提高。作为污水的自然生物处理技术，稳定塘用于农村污水处理具有较为显著的优点。

①投资省。利用荒地、废地、劣质地以及坑塘、洼地建设稳定塘污水处理系统，简单，建设周期短，易于施工。基建及设备费用低，其投资约为常规污水处理厂的1/3 ~ 1/2。

②耗能低，管理方便，运行费用低。利用自然资源处理污水，可降低人工能耗。运行维护方便，其运行费用约为常规污水处理厂的1/5 ~ 1/3。

③可实现污水的再利用。经稳定塘处理净化后的水，可用于农业灌溉或种植水生物，如莲藕、菱角、芡实，也可以养鱼和鸭、鹅等水禽，获得一定的经济收入。

稳定塘的缺点是：占地面积大，用作二级处理的稳定塘系统，处理规模不宜大于5000m^3/d；净化效果相对较低，尤其在冬季处理效果较差；易散发臭味，滋生蚊蝇，恶化环境；若防渗处理不当，可能污染地下水。

稳定塘有多种分类形式。按塘内溶解氧的含量可分为以下几种：

①好氧稳定塘，简称好氧塘。这种塘水较浅，阳光能够透入塘底，主要由藻类供氧，水体完全处于有氧状态，整个塘内溶解氧均在1 ~ 2mg/L以上，由好氧菌对污染物进行降解。

②兼性稳定塘，简称兼性塘。塘水深度一般在1.0m以上，塘内存在好氧区、兼性区、厌氧区。从塘面到水深0.5m左右，阳光能够透入，藻类光合作用显著，溶解氧充足，为好氧区；塘底为沉淀污泥，处于厌氧状态，为厌氧区；介于好氧区和厌氧区的为兼性区。兼性塘内好氧菌、兼性菌和厌氧菌共同作用，对污染物进行降解，是一种稳定塘的常见形式。

③厌氧稳定塘，简称厌氧塘。塘水深度一般在2.0m以上，整个塘水均呈厌氧状态。污水净化速度很慢，污水停留时间长，整个塘内溶解氧均在1 ~ 2mg/L以下。这种塘用于无氧条件下分解高浓度有机污水，一般都作为好氧塘的预处理设施。

④曝气稳定塘，简称曝气塘。塘水深度也在2.0m以上。在水面风力复氧能力弱，藻类因光合作用差而供氧不足时，水体需要人工曝气，以提供氧源。一般在塘水表面安装曝气器供氧，并对塘水进行搅拌，使塘水保持好氧状态。

曝气塘污水停留时间较短，占地面积较少，其净化功能和效率均好于一般稳定塘，适用于处理高浓度污水和大流量污水。

根据串联的级数，稳定塘可分为单级和多级，后者多为4 ~ 5级，前几级为兼性塘或厌氧塘，后几级是好氧塘。

此外，按处理后污水达到的水质要求，稳定塘可分为常规处理塘和深度处理塘；按利用水生植物和水生动物的类型，稳定塘可分为水生植物塘、养鱼塘和生物塘或生态塘等类型；按处理水的出水方式，稳定塘可分为连续出水塘、控制出水塘和储存塘。

（9）稳定塘的运行管理

1）好氧塘和兼性塘的运行

好氧塘和兼性塘的运行效果与季节有关。在温暖季节，污水中存活的微生物代谢活性强使藻类大量生长，塘水呈绿色，处理效果较佳；在寒冷季节，塘内微生物、藻类植物和代谢作用显著减慢，处理效果下降，塘水的颜色转为褐色，再成灰色。北方冬季湖面结冰，但在某种程度上还存在着藻类的光合作用，除非冰盖上覆盖着厚的雪层，只有光合作用完全停止时，冰下的水才呈厌氧状态。塘水厌氧时，进水中未降解的有机物开始累积。当到春季塘面化冻，水温高于4℃时，由于暖水上升，冷水下沉的对流作用，会出现翻塘，使冬季在塘底积累的未分解物质在整个塘内混合。随着水温上升，微生物活跃加上大量存在的有机物使塘水溶解氧消耗殆尽，出现厌氧的特征。因此，当春季好氧塘、兼性塘出现恶臭，出水水质恶化的时期，即是翻塘的临界期。

对负荷较低的好氧塘和兼性塘，通常塘内不积累或很少积累污泥。因为微生物将进水中的有机物分解成简单的无机物，后者用于藻类细胞的合成，使进水中不稳定有机物转成稳定的藻类原生质。大多数藻类细胞物质随出水带出塘，因此污泥很少积累。但在塘进口附近或部分季节（特别是冬季）还是有部分沉积物积累。对中等或高负荷稳定塘，塘底积累的污泥则较多。

2）厌氧塘的运行

厌氧塘在冬季处理效果也明显下降，塘中季节性产生的气味更为明显。厌氧塘的操作通常不随季节而改变。

在厌氧塘运行过程中，塘表面会形成一层浮渣。这些浮渣对塘体起隔氧和保温作用，有利于厌氧塘的运行，应注意保护。若浮渣层未能形成，可以用其他措施来保温，如在上风向设风障，塘面上安置泡沫塑料层或覆盖塑料薄膜。

3）曝气塘的运行

曝气塘的运行一年四季基本不变，但应根据季节和污水浓度对曝气强度进行灵活调节。随着温度下降，BOD去除率也显著下降。此外，随着温度的下降，氧从气相到液相的转移率亦下降，但氧的溶解度却随温度降低反而提高，足以补偿较低的转移系数。

平时要注意曝气设备的保养和维修，在冰封期需要将曝气机移至室内保护。

4）稳定塘的投产与日常管理

①投产

稳定塘在投产运行前，应清除塘底的杂草。检查所有进、出口的控制装置和曝气装置。用未污染水预灌，检验塘的抗渗漏性。在最高水位时进一步检验曝气塘的曝气系统。

开始投入运行的稳定塘并不需要进行微生物接种，因为在此环境中广泛存在着合适的微生物和藻类。一般来说，最好在春、夏季投产，这时绝大部分稳定塘中的微生物可自然发展。投产后塘中不可排水，直至以下情况方可排水。

a．稳定塘中污水的水位已达到设计所规定的适宜深度。

b．塘内微生物已健康地成长。

c．进行了有关的化学和生物指标测定，已达到排放标准。这时，塘系统方可开始排水并进入正常运行。

②日常管理

为控制稳定塘运行状况，应检验进水和出水的水质和水量。稳定塘主要常规项目的测定频度参照表5–2所列。

稳定塘主要常规项目的测定频度 **表5-2**

测定项目	频度	备注	测定项目	频度	备注
流量	连续		COD	1～2次/周	
水温	1～2次/周		SS	1次/2周	
pH值	1次/班 1次/日	工业废水 生活污水	总大肠菌群	1次/月	
DO	1次/周	上午10时取样	污泥层厚度	1次/（6～12个月）	

续表

测定项目	频度	备注	测定项目	频度	备注
BOD_5	1次/2周		气象学参数	1次/日或气象台提供	

日常维护管理中应注意如下几点：

a．定期清除塘底污泥并处置。

b．及时修复塘堤的受损和被冲刷部位。

c．必须清除堤岸和堤坡上所有的乔木和灌木，以减少堤岸沿树根可能引起的渗漏和植物残体对塘内附加的有机负荷。为了保护塘堤，在堤坡上可种植多年生浅根草本植物，在温暖季节应定期切割。

d．在害虫易繁殖的季节，应清除杂草和浮渣，以减少害虫的滋生。

③防洪

a．稳定塘系统应设立排洪沟等防洪设施和溢流井、分流井等排雨设施，避免洪水或暴雨径流突然进入塘系统，造成泵房淹没、溃堤、菌藻系统破坏等事故。

b．宜设立洪水警报系统，当进水水位突然上涨时，应及时采取措施排洪分流，并向有关方面报告。

（10）膜生物反应器的运行与维护

1）工艺原理

MBR是一种将高效膜分离技术与传统活性污泥法相结合的新型高效污水处理工艺，它将具有独特结构的MBR平片膜组件置于曝气池中，经过好氧曝气和生物处理后的水，由泵通过滤膜过滤后抽出。它利用膜分离设备将生化反应池中的活性污泥和大分子有机物质截留住，省掉二沉池。活性污泥浓度因此大大提高，水力停留时间（HRT）和污泥停留时间（SRT）可以分别控制，而难降解的物质在反应器中不断反应、降解。

由于MBR膜的存在大大提高了系统固液分离的能力，从而使系统出水，水质和容积负荷都得到了大幅度提高，经膜处理后的水水质标准高（超过国家一级A标准），经过消毒，最后形成水质和生物安全性高的优质再生水，可直接作为新生水源。由于膜的过滤作用，微生物被完全截留在MBR膜生物反应器中，实现了水力停留时间与活性污泥泥龄的彻底分离，消除了传统活性污泥法中污泥膨胀问题。膜生物反应器具有对污染物去除效率高、硝化能力强，可同时进行硝化、反硝化、脱氮效果好、出水水质稳定、剩余污泥产量低、设备紧凑、占地面积少（只有传统工艺的1/3 ~ 1/2）、增量扩容方便、自动化程度高、操作简单等优点。

2）膜生物反应器经常性检查的项目

膜生物反应器运行维护的关键在于膜污染控制。膜生物反应器运行管理的关键控制参数包括MLSS、溶解氧、膜过滤流速。膜生物反应器运行管理过程中，经常性检查的项目主要包括：

①跨膜压差：跨膜压差突然上升表明膜存在一定程度堵塞，须进行膜清洗。

②曝气气泡：观察曝气气泡均匀性，发现曝气气泡不均匀时，检查曝气装置出气孔是否堵塞，检查安装情况，检查鼓风机及调整空气量。

③污泥指标：观察污泥颜色与气味，正常的污泥为黄褐色，具有土腥味，污泥性状异

常时，应请专业人员进行维护。

3）膜生物反应器维护保养

①清洗反应器及膜组件。

②更换出水管，一般是3年一换。

③清洗曝气管及曝气器。

④严禁在不开膜曝气或气量达不到设计要求的情况下使用MBR膜自吸泵。

⑤膜生物反应器检修和维护专业性极强，必要时必须请专业人员或联系设备供货厂家进行。

（11）出水井及排放口日常运行检查

出水井应保持干净、整洁，井底及井壁应光洁，井底不得有淤泥沉积；及时清理出水井中漂浮的垃圾、树叶及内壁上附着的生物膜；每周对终端出水水质和水量进行观察记录，如发现进出水水质、水量异常，影响正常运行的，应立即采取措施及时排查检修。

排放口是污水经处理后最终的排放位置，安装有视频监控设备的处理设施一般监控此位置。对排放口的检查应做到环境卫生整洁、及时清理排放口周围的杂草，应保护出水口可见部分管壁内外表面干净、整洁，无明显沉积物沉积。

（12）污泥的处置

1）污泥处理模式

污泥污水处理过程中产生的剩余污泥含水率高，性能不稳定，含有原污水中的大量有毒有害物质，如不加处理会导致环境二次污染。鉴于环境保护和健康安全的要求，污泥必须经过有效的处理和妥善的处置。农村生活污水处理系统剩余污泥的处理、处置必须根据农村生活污水处理工程规模、污泥产生量、污泥资源化利用途径等特点，制定经济、合理、安全的污泥处理利用方案。关于农村生活污水处理系统污泥处理利用，建议采用如下两种模式：

①分散式农村生活污水处理系统污泥处理利用模式。分散式农村生活污水处理系统一般处理一户或几户居民生活污水，规模一般较小，产生的污泥量相应不多。春夏作物需肥季节，污泥经过简单堆沤厌氧发酵，降低有机物，去除病原菌后，可用作农田、花卉、蔬菜等肥料。秋冬需肥淡季，污泥经简单风干脱水处理后，可通过专门的或者是生活垃圾收运系统收集后集中处理。

②集中式农村生活污水处理系统污泥处理利用模式。集中式农村生活污水处理厂，处理污水量大，剩余污泥产量大。因此，必须在污水处理厂内部建设专门的污泥处理单元对污泥进行处理。

2）污泥处理原则

污泥处理应遵循以下主要原则：

①减量化：一般污泥的含水率在95%以上，体积大，不利于储存、运输和消纳，所以要通过降低污泥含水率以达到降低污泥体积的目的，这个过程称为减量化。

②稳定化：污泥的干物质中有机物含量一般占60% ~ 70%，会发生厌氧降解，并产生恶臭。因此，需要采用生物厌氧消化工艺，使污泥中的有机组分转化成稳定的终产物。也可以添加化学药剂，终止污泥中微生物的活性来稳定污泥，如投加石灰，提高碱性，同时还能杀灭污泥中的病原微生物。

③无害化：生活污水处理产生的污泥中含有大量的病原菌、寄生虫卵及病毒，常常可以造成传染性疾病的传播。有些污泥中还含有多种重金属离子和有毒有害的有机物。因此，必须对污泥进行彻底的无害化处理。

3）污泥的最终处置与利用

污泥的最终处置和利用是目前污泥处理与处置的一个难题。目前国内污水处理厂污泥大都采用卫生填埋方式处置，国外许多国家对污泥处置采用较多的方法是焚烧、卫生填埋、堆肥、干化造粒和投海等。

①农肥利用与土地处理。污泥可以作为肥料直接施用，也可以直接用于改造土壤，如将污泥投放于废弃的露天矿场、尾矿场、采石场、戈壁滩与沙漠等地。

②污泥堆肥。污泥堆肥就是通过堆肥技术，使污泥成为含有大量腐殖质能改善土壤结构的堆肥产品。污泥堆肥分为厌氧堆肥和好氧堆肥。厌氧堆肥是在缺氧的条件下，利用厌氧微生物代谢有机物。好氧堆肥是在好氧条件下，利用嗜温菌、嗜热菌，分解泥中有机物质并杀死污泥中大量存在的病原微生物，并且使水分蒸发、污泥含水率下降、体积缩小。

③卫生填埋。卫生填埋是把脱水污泥运到卫生填埋场与城市垃圾一起，按卫生填埋操作进行处置的工艺，常见的有厌氧卫生填埋和兼氧卫生填埋两种。卫生填埋法处置具有处理量大，投资省，运行费低，操作简单，管理方便，对污泥适应能力强等优点，但亦有占地大，渗滤液及臭气污染较严重等缺点。卫生填埋法适宜于填埋场选地容易、运距较近、有覆盖土的地方。迄今为止，卫生填埋法是国内外处理城市污水处理厂脱水污泥最常用的方法。

其缺点是机械脱水后直接填埋，操作困难，运输费用大，且易产生卫生问题。卫生填埋将向调理后再实施的方向发展。

④干化造粒。污泥干化造粒工艺是近年来比较引人注目的动向。一般说来，污泥干化造粒工艺是污泥直接土地利用技术普及前的一种过渡。干化造粒后的泥球可以作为肥料、土壤改良剂和燃料，用途广泛。国内的污泥复合肥研究生产，也是走得干化造粒的道路，只是在其中添加了化肥以提高肥效。

⑤焚烧。焚烧既是一种污泥处理方法，也是一种污泥处置方法，利用污泥中丰富的生物能发热，使污泥达到最大程度的减容。焚烧过程中，所有的病菌病原体被彻底杀灭，有毒有害的有机残余物被热氧化分解。焚烧灰可用作生产水泥的原料，使重金属被固定在混凝土中，避免其重新进入环境。污泥焚烧的优点是适应性较强、反应时间短、占地面积小、残渣量少、达到了完全灭菌的目的。缺点是工艺复杂，一次性投资大；设备数量多，操作管理复杂，能耗高，运行管理费亦高，焚烧过程存在二噁英污染的潜在危险。

⑥投海。污泥投海曾经是沿海城市污水处理厂污泥处置最常见的方式，但近年来出于对海洋环境保护的考虑和越来越严格的环保条例的执行，已经越来越少使用。

污泥的最终处置可以采用以下几个处理方案。

方案1：湿污泥—干化—干化污泥填埋场填埋

此工艺方案是将污水处理厂所产生的机械脱水后的污泥集中在一起进行热干化处理，干化后污泥送至垃圾填埋场处置。

该工艺特点是污泥量显著减少，灭菌彻底，污泥稳定。建议小城镇污水处理厂污泥近期采用此方案，以便降低成本和投资。

方案2：湿污泥—干化—干化污泥焚烧—焚烧灰填埋

此工艺方案是将机械脱水污泥进行热干化处理，干化后污泥送垃圾焚烧厂进行焚烧，焚烧灰由垃圾焚烧厂处置。

该工艺特点是污泥量显著减少，灭菌彻底，污泥稳定。干化污泥含有一定的热值，可节省垃圾焚烧厂的燃料消耗。建议小城镇污水处理厂污泥中期采用此方案，以便利用干化污泥中的热能。

方案3：湿污泥—高温消化—干化—干化污泥填埋场填埋

此方案是将脱水污泥进行高温厌氧消化，消化后的污泥再进行热干化处理，干化后的污泥送往垃圾填埋场处置。热干化所需热能由高温厌氧消化过程中产生的沼气提供，不足部分由天然气提供。

该工艺特点是污泥量显著减少，有机物降解率高，灭菌彻底，污泥稳定。污泥消化产生的沼气作为干化的补充热源，节省天然气消耗。但其工艺流程长、设备较多、管理复杂、工程投资高、占地大。且由于有沼气产生，有一定的安全隐患。

方案4：湿污泥—干化—土地利用

此方案是将脱水污泥进行热干化处理，干化后污泥用于农用，污泥农用实现了有机物的土壤—农作物—城市—污水—污泥—土壤的良性大循环。

该工艺需要严格控制污泥中重金属含量，对重金属含量超标的污水宜单独处理至达标后排放，对重金属含量超标的污泥宜脱水后采取填埋等其他处理方式。建议小城镇污水处理厂污泥远期采用此方案，能够实现良性循环，符合污泥处置的发展趋势。

（三）电气设备维护保养

1. 水泵操作和日常管理

水泵操作和日常管理见附件一。

2. 污水泵使用注意事项

污水泵通常指的是污水治理终端设施中污水提升泵、混合液回流泵、污泥回流泵、排泥泵等，使用时注意的事项有：

（1）污水泵使用时，如想调整污水泵位置或有触及污水泵的动作时，必须先断开电源，以防水泵损坏或发生意外事故。

（2）严禁撞击、碾压电缆，更不可将电缆作为起吊绳之用，污水泵在运行过程中，不得随意拉动电缆，以免因电缆损坏发生触电事故。

（3）污水泵工作时，严禁将电缆线头或插座置于潮湿的地方或潜入水中，如因加长接线等需要，应严格将接线头处密封包好，以防渗水漏电。

3. 反洗泵维护保养

反洗泵指的是污水处理过程中进行反洗的水泵，如MBR反洗泵等，其保养的内容主要有：

（1）泵在启动前打开进出口阀，并进行灌液，灌液时先松开灌液口螺栓，然后向泵体灌注满清水后，再拧紧螺母。严禁水泵在无水情况下运行。

（2）停机时，先关闭出口调节阀后断电源停机。

（3）水泵严禁在关死出口阀的情况下运行，不能频繁启动，否则会严重受损。

（4）水泵如果长时间不用，要排净泵体里的水，用清水冲洗干净，以免天气过冷，结冰会损坏泵体。

（5）如发现泵有异常声音，应立即停机，检查原因。

4. 污水提升泵维护保养

污水提升泵每3个月进行1次维护保养，每年进行一次全面的预防性检修，其主要内容如下：

（1）检查污水提升泵管路及结合处有无松动现象。

（2）污水提升泵电缆检查，若破损请给予更换。

（3）检查污水提升泵叶轮磨损情况，磨损严重则要更换叶轮。

（4）检查污水提升泵轴套的磨损情况，磨损较大则要更换。

（5）检查电机绝缘及紧固螺钉，若紧固螺钉松动请重新紧固。

（6）污水提升泵使用半年后，应检查油室密封状况，更换10号～30号机油，必要时更换机械密封件，对于在工作条件恶劣的情况下使用的污水泵应经常检修。换油方法如下：把泵放置好，使油室螺塞（位于出水口内侧）朝下，放出润滑油，然后用洗涤油清洗油室，重新注入适量的油（70%～80%），更换新的O型圈并将螺塞拧紧。

（7）污水提升泵在正常使用2000h后，应按下列步骤对污水泵进行维修保养：

拆机：检查各易损件，如机械密封、轴承、叶轮等，如有损坏应进行更换。

气密性试验：拆机修理或更换密封后，必须对电机腔和密封腔进行气密性试验，试验气压为0.2MPa，历时3min应无渗漏及冒汗现象。

换油：拧下油室处的加油螺钉，换进10号机械油（油室腔注满）。

（8）污水提升泵长时间不用，不宜浸泡在水中，应放在清水中通电运行数分钟，清洗泵内、外凝结物，然后擦干，进行防锈处理，置于干燥通风处。对于使用时间较长的污水提升泵应根据其表面腐蚀情况重新涂漆、防锈。

（9）如果有一台水泵进行维护，则将该泵的电源切断，并将该泵的选择开关打到空档，同时按下就地控制箱上的紧急停车按钮，以确保安全。

（10）备用水泵：每月至少进行一次试运转。环境低于0℃时，必须放掉泵壳内的存水。

（11）定期检查操作报警系统。

5. 阀门日常维护管理

（1）检查阀门和阀体是否发生泄漏、损坏或移位，检查内容包括密封圈、螺母和主轴等。

（2）检查金属阀门，查看阀门表面是否有锈斑。

（3）做好阀门巡检工作，防止阀门埋没。

（4）长期闭合的阀门，有时在阀门附近形成一个死区，其内会有泥沙沉积，这些泥沙会对阀门的开合形成阻力。如果开阀的时候发现阻力增大，不要硬开，应反复做开合动作，以便沉积物随着水流作用被冲走，在阻力减小后，再打开阀门。同时如发现阀门附近有经常积沙的情况，应时常将阀门开启几分钟，以利于排除积沙。对于长期不启闭的闸门与阀门，应定期运转一次，以防止锈死或者淤死。

（5）定期对相应的阀门井进行检查，对积土、杂物过多，影响正常启闭操作的阀门井应及时进行清理，直至不影响启闭操作，保证阀门有良好的运行环境和充分的操作空间。

（6）必要时对全部阀体、阀门、连接部件和盖板等进行防护或再油漆。

6. 阀门的保养

（1）发现缺油应及时补充，增加润滑，以防由于缺少润滑剂而增加磨损，或卡壳失效等故障。

（2）对因失油，导致轴承损坏，甚至轴承掉落卡在蜗轮蜗杆致阀门启闭困难，甚至无法启闭的，应通过拆卸蜗轮部，及时对相关的轴承进行更换，以及对蜗杆进行修复，确保阀门启闭轻便。

（3）拷铲、油漆、注油润滑、更换零件等重要保养每年一次。

（4）做好阀门历次启闭操作记录，阀门定期周检的启闭记录等记录。

（5）闸阀：定期检查阀杆密封情况，必要时更换填料，润滑点的润滑剂加注，若为电动闸阀则应检查限位开关、手动和电动的连锁装置；若长期不动的闸阀应每月做启闭试验。

（6）止回阀：每月一次调试缓闭机构，加注润滑油。

7. 风机日常检查内容

（1）检查风机是否有异常噪声，进风口是否有堵塞情况。

（2）检查风机的紧固情况及定位销是否有松动现象。

（3）检查风管是否有漏气、破损。

（4）检查机油是否适量、三角带是否完好。

（5）检查好氧池中曝气的均匀度，如果发现曝气不均匀，则有可能是曝气机曝气口存在堵塞情况。

（6）同时还要检查风机的润滑系统、自控系统、供电系统、空气过滤系统、保护系统、管路闸门、减振隔声系统等是否处于正常状态。

当风量不正常或检修后应增加巡检频率。操作人员在日常巡检过程中应按要求填写巡检记录表。

8. 风机的保养

定期对风机进行保养可确保风机的运转更加可靠。每3个月应对风机进行一次保养，操作人员在日常维护过程中应按要求填写维护记录表。

具体日常保养内容如下：

（1）检查风机的磨损情况，更换所有磨损的组件。

（2）检查所有螺钉接头处，并进行紧固。

（3）检查风机电机油量与油的状况（通过拆卸放油螺钉来检查油的状态，对油状态的检查可以了解是否有油泄漏）。

（4）检查定子腔中是否有液体出现（如有泄漏，定子腔会受压，用一块布遮住螺钉以免油溅出来；如果定子腔中渗入液体，倾斜设备以便定子腔中的液体流出。出现此种情况应当检查螺塞是否拧紧，检查电缆入口是否有泄漏，如果有则可能是内部密封已损坏，应当更换密封装置）。

（5）检查电缆入口与电缆状况（电缆外皮破损，及时更换电缆）。

（6）检查风机叶轮的旋转方向。

（7）检查电绝缘情况。

（8）检查三角带松紧断裂情况。

（9）检查并清理空气过滤器。

（10）检查皮带损耗情况，必要时更换皮带。

（11）更换为检查而拆卸的所有O型密封圈。

（12）风机及周边区域的清洁工作。

（13）风机在运行中，操作人员应注意观察风机及电机的油温、风量、电流、电压、噪声等，并每天记录一次，遇到异常情况不能排除时，应立即停机。

9. 小型污水处理终端增氧泵的保养

（1）增氧泵应放置在较平稳的地方，周围环境应清洁、干燥、通风，最好放置在室内或控制柜内。

（2）增氧泵叶轮旋转方向必须与风扇罩壳上所标箭头方向一致。

（3）增氧泵工作时，工作压力不得大于该型号额定最大气压，以免使气泵产生过大的热量或电动机超电流引起气泵损坏。

（4）增氧泵进、出气两端的过滤网和消声装置应根据情况适时清洗，以免堵塞影响使用。

（5）增氧泵进、出气口外联接必须采用软管联接（如橡胶管、塑料弹簧管）。

（6）增氧泵轴承的更换：更换轴承必须由专业人员操作。先拧松泵盖上的螺钉，然后按安装说明图示顺序逐一拆卸零件，拆下的零件应经过清洗，然后按反顺序装配。拆卸时，不能硬撬叶轮，应用专用拉马拉出，同时不要遗漏调节垫片，以免影响出厂时已调节好的间隙。

（7）严禁固体、液体及有腐蚀性气体进入泵体内。

10. 风机维护注意事项

（1）必须在供给润滑油的情况下才能盘动联轴器。

（2）清扫通风廊道、调换空气过滤器的滤网和滤袋时，必须在停机的状态下进行，并采取相应的防尘措施。

（3）操作人员在机器间巡视或工作时，应偏离联轴器。

11. pH传感器的维护保养

（1）校正准备

测试与校准前应对传感器做准备工作如下：

①测试前取下电极上装有浸泡液的保护浸泡瓶或橡胶套，将电极测量端浸在蒸馏水中搅拌清洗，然后取出电极，用滤纸吸干残留蒸馏水。

②观察敏感球泡内部是否全部充满液体，如发现有气泡，则应将电极测量端向下轻轻甩动（像甩体温计一样），以清除敏感球泡内的气泡，否则将影响测试精度。

（2）传感器清洗

电极经长期使用后，电极的斜率和响应速度或有降低。可将电极的测量端浸在4% HF中3 ~ 5s或稀HCl溶液中1 ~ 2min。然后用蒸馏水清洗之后在氯化钾（4M）溶液中浸泡24h以上使之复新。

（3）传感器的保存

电极使用间歇期，请将电极测试端用蒸馏水清洗干净。如较长一段时间内不使用；应将其漂洗干净，吸干残留的蒸馏水，放入所附的装有浸泡液（KCl）的浸泡瓶或橡胶套内存放。

（4）传感器损坏检查

检查传感器外观，玻璃泡是否有破损，如有破损要及时更换传感器。被测溶液中如含有易污染敏感球泡或堵塞液接界的物质而使电极钝化（现象是响应速度明显变慢，斜率降低或读数不稳），则应根据污染物的性质，选用适当的溶剂清洗，使之复新。污染物和适当的清洗剂详见表5-3所列。

污染物清洗剂参考表　　表5-3

污染物	清洗剂
无机金属氧化物	稀HCl溶液
有机脂类物质	稀皂液或洗涤剂
树脂、高分子烃类物质	酒精、丙酮、乙醚
蛋白质血球沉淀物	酸性酶溶液
染料类物质	稀次氯酸液

12. 电导传感器的维护保养

（1）校正准备

测试前取下传感器上装有浸泡液的保护浸泡瓶或橡胶套，将传感器浸入蒸馏水中洗净，然后取出轻轻吸干水分（注意千万不要用力擦拭敏感元件部分），此时电极就可以使用了。

（2）传感器的清洗

电导电极使用前应在蒸馏水中浸泡30min，以防止电极测量元件表面的惰性。

（3）传感器的保存

电导电极不能用硬物接触其测量元件表面，电镀铂黑的电导电极更不能用任何物品擦其铂黑表面，否则将改变其原有的电导常数及影响测量范围。

（4）传感器的保养

如果电极测量元件表面被污染的话，可将电极测量部分浸泡在淡洗涤剂或弱酸中15min，然后再用蒸馏水将电极清洗干净。大多数的电极镀上一层铂黑是为了达到较好的测试性能，如果不能准确工作的话，则应该重新再镀铂黑。镀铂黑的溶液时用1%铂氯酸加0.2%醋酸铝配置而成，电极测量端浸入此溶液后控制电解电流每片约5mA左右，5min即可。

13. 溶解氧传感器的维护保养

（1）传感器的清洗

重要提示：不要用有机溶剂如丙酮或甲醇擦洗探头，以免破坏探头塑料表面。

叶绿素探头需要周期性的维护，擦去附着在其表面的污染物，如油、浮游植物、污泥等。传感器的维护应该在每个测量周期（长期在线测量）后进行，测量周期应该根据测量区域的污染程度调整。校准前后也应该维护探头。用清水冲洗整个探头，用肥皂水和软刷擦去仪器表面的附着物。把整个仪器泡在清水中至少5min。观察探头的光学窗口，用擦镜纸或无尘布或棉签蘸肥皂水清洗探头的光学窗口，然后用清水冲洗。清洗时注意荧光帽上的荧光膜不要损坏。

建议每隔一段时间（一般3个月，视现场环境而定）对传感器进行清洗，以保证测量的准确性。

用水流清洗传感器的外表面，如果仍有碎屑残留，用湿的软布进行擦拭。不要将传感器放在阳光下直射或者通过放射能够照到阳光的地方。在传感器的整个使用寿命中如果阳光暴露时间总计达到了一小时的话，将会引起荧光帽的老化，从而引起荧光帽出错导致显示错误的读数。

（2）传感器损坏检查

检查传感器外观是否有破损，如有破损要及时联系售后维修中心更换，防止因为破损而导致传感器进水产生故障。

（3）传感器不使用时，应盖上产品自带的保护帽，避免阳光直射或暴晒。为了保护传感器不受冰冻影响，将DO探头存放在不会发生冰冻的地方。长时间保存前，将探头清洗干净。将设备存放在运送箱内或具有防电击的塑料容器中。将电缆盘放置在上述塑料容器的底部。避免用手或其他硬物接触及刮花荧光帽。严禁荧光帽被阳光直射或暴晒。

（4）电缆线的保养

在现场操作时，应注意不要将任何非防水电缆（也即任何除防水水下电缆以外的电缆）放置在靠近任何水源的地方，任何时候都要保证接头干燥。

使用硅滑脂适当地润滑所有水下接头的密封表面。保持所有电缆的干净、干燥，并存放（整齐盘绕）在一个大的塑料容器中。不要让电缆的盘绕直径小于16cm，否则会损坏电缆。不要将电缆打结或者使用夹子来标志某个深度。应避免任何电缆在使用时受磨损、不必要的张力、反复弯曲或者出现剧烈弯曲（如栏杆）的损坏。

（5）荧光帽的更换

当传感器的测量帽出现损坏时需要更换测量帽。为了保证测量的准确性，建议每年更换一次或者例行检查时测量帽出现较为严重的破损时，需要更换测量帽。

14. 电控柜的巡检内容

（1）检查各转换开关，启动、停止按钮动作应灵活可靠，电源指示要正常。

（2）检查电控柜内空气开关、接触器、继电器、时控开关等电气元件是否完好，紧固各元件接触线头和接线端子的接线螺栓。

（3）检查电控柜外壳是否存在锈蚀，如发现部分锈蚀，应及时做防锈处理。

（4）不定期清洁电控柜内外灰尘，确保电控柜内外干净、整洁。

（5）定期对PLC控制系统进行检查，保证PLC控制系统安全、可靠地运行。

15. 电控柜日常保养的内容

（1）首先切断电源，清扫电控柜内外灰尘，确保电控柜干净整洁。

（2）检查电控柜内元器件、导线及线头有无松动或异常发热现象，发现问题立即处理。

（3）对于触点熔化或线圈温升过高，动作不灵以及操作机构磨损脱落的元件应及时更换。

（4）检查各类传感器、仪表安装固定有无松动，如有故障及时处理。

（5）在正常电压下，接触器、继电器、电磁阀等感应元件运行有异常电流声应及时更换。

（6）检查接触器、继电器、开关等触点吸合是否良好。

（四）终端场地维护保养

1. 标志牌一般内容及检查维护

标志牌一般包括工程概况、工程名称、开竣工时间、建设单位、施工单位、设计单位、监理单位及相应的项目负责人名单及联系方式等内容。

日常检查及维护的内容包括：

（1）标志牌是否被物体遮挡，如发现被遮挡，应及时清除遮挡物。

（2）对于木制品标志牌，定期检查木制品是否有木头腐烂、开裂、破损，油漆脱落等情况发生，还应注意防腐、防虫、防火，必要时可对腐烂、破损、开裂的地方进行修补，重新补漆处理。

（3）对于碳钢材质标志牌，必须保持碳钢结构表面的清洁和干燥，定期检查结构防腐涂层的完好状况，涂层损坏应及时进行维修；如发现表面生锈，可采用人工除锈、机动除锈、喷砂除锈、用酸洗膏除锈的方法除锈。

（4）对于不锈钢材质标志牌，平时要做好标志牌表面防护工作，不锈钢表面污物引起的锈，可用10%硝酸或研磨洗涤剂洗涤，也可用专门的洗涤药品洗涤。

（5）标志牌表面字迹出现模糊或褪色时，应重新喷涂或张贴所标识的内容，做到标志的内容清晰、美观、整洁。

（6）定期检查标志牌位置是否被移动或是否存在倾斜、连接紧固螺栓是否松动等安全隐患，如存在应及时复原或采取维修处理。

2. 塑木栏杆、塑钢栏杆、绿篱等围栏的养护管理

（1）塑木栏杆的养护管理

塑木栏杆须定期打扫，以防止灰尘堆积或污渍难以清除。可使用湿抹布直接擦洗或使用水龙头直接冲洗木塑栏杆的灰尘污垢、泥土等，自然晾干。如果塑木栏杆沾上污渍但不确定用何种清洗方法时，建议先清洗污渍区域的一小部分作为测试以防止造成色差过大，如果效果良好，再清除整个污渍区域。

当塑木栏杆需要钻孔时，在使用自攻螺钉的位置应先用钻头引孔，再进行自攻螺钉的紧固，以免影响塑木的使用。

（2）塑钢栏杆的养护管理

1）应定期对塑钢栏杆上的灰尘进行清洗，保持其清洁和光亮。

2）如果塑钢栏杆上沾染了油渍等难以清洗的东西，可以用洁而亮擦洗。最好不要用强酸或强碱溶液进行清洗，这样不仅容易使型材表面光洁度受损，也会破坏表面的保护膜和氧化层而引起锈蚀。

3）尽量避免用坚硬的物体撞击划伤型材表面。

（3）绿篱的养护管理

1）松土除草

绿篱栽植后，土壤会逐渐板结，影响正常的生长发育，因此，及时进行松土是非常必要的。松土除草的时间和次数应根据土壤的性质和杂草生长情况而定，一般每月进行一次。

2）施肥浇水

为保证绿篱的正常生长，要及时进行追肥。根据绿篱的品种，严格按绿篱提供商的要求施加肥料。

春季天旱少雨，一般每周浇水一次；夏秋季节雨水较多，一般每两周浇水一次；冬季绿篱处于休眠状态，因此，一般入冬前浇一次防冻水即可。对生长在灰尘较多环境中的绿篱，要经常喷水清洗绿篱丛冠，以增加观赏效果。

3）修剪造型

绿篱的萌芽力和成枝力较强，应经常修剪保持整齐美观的效果。

修剪绿篱应遵循剪强留弱，做到不漏剪，少重剪，旺长突出部分要多剪，弱小凹陷部分要少剪，从小到大，逐步成型的原则。

修剪分以下几种形式：一是修剪成同一高度的单层式绿篱；二是修剪成不同高度组合而成的双层式绿篱；三是修剪成两层以上的多层式绿篱。通过修剪整形，不但实现了绿篱图案美与线条美的结合，而且使绿篱枝叶不断更新，长久保持生命活力及观赏效果。

修剪绿篱常用的工具有：大绿篱剪和绿篱修剪机等。不论使用哪种工具，操作时刀口都要紧贴绿篱的修剪面，均匀用力，平稳操作，每次修剪高度要比上一次修剪提高1～2cm。

3. 草坪的养护管理

草坪的养护管理直接影响到草坪的生长发育和使用，并影响到整个终端处理设施的景观效果，应对草坪进行如下养护管理：

（1）浇水。当栽种的是草坪及地被植物，除雨季外，应每周浇透水2～4次，以水渗入地下10～15cm处为宜。应在每年土地解冻后至发青前浇1次返青水，晚秋在草叶枯黄后至土地结冻前溜1次防冻水，水量要足，要使水渗入地下15～20cm处。

（2）施肥。为了保持草坪叶色嫩绿、生长繁密，必须进行施肥。冷季型草坪的施肥时间最好在早春和秋季。第一次施肥在返青后，可以促进生长；第二次在仲春。天气转热后，应停止追肥。秋季施肥可于9～10月份进行。暖季型草种的施肥时间是晚春。在生长季每月或2个月应追1次肥。南方地区最后1次施肥不应晚于9月中旬。

（3）修剪草坪。一般采用机动旋转式剪草机。修剪前要对草地进行全清理，将石头、树枝以及其他有损剪草机剪刀的杂物清除掉。剪草要顺序前进，不要乱剪。剪下的草叶要及时运走，不得随意堆放。

（4）除杂草。一旦发生杂草侵害，一般采用人工“挑除”杂草的方法，不建议采用化学除草剂。

（5）通气。为改善草坪根系通气状况，调节土壤水分含量，要在草坪上打穴通气，这项工作对提高草坪质量起到不可忽视的作用。

4. 终端设施绿化植物如何防治病虫害

（1）合理施肥，在高温、高湿季节增施磷钾肥，减少氮肥用量。

（2）合理灌水，降低绿化植物湿度，选择适宜的浇水时间。

（3）适宜修剪，修剪时严禁带露水修剪，保持刀片锋利，

对草坪病斑要单独修剪，防止交叉感染，修剪后对刀片进行消毒，病害多发季节可适当提高修剪留茬高度。

（4）减少枯草层，可通过疏草，表施土壤等方法清除枯草层，减少菌源、虫源数量。

5. 终端设施环境检查

由于终端处理设施大多建设在农村，周围环境容易变得脏乱，杂草易生，极易对周围环境产生不良影响，因此应对终端处理设施定期进行清扫，及时清理周边杂草、脏物等，确保设施周边无占压、堆积杂物，经常检查护栏情况，从而确保周围环境整洁。

日常巡检过程中清理出的杂草、杂物等，应集中进行太阳暴晒，杂草残体干燥后运至附近生活垃圾桶中，后期可作为生活垃圾处理，或就近用于堆肥处理，后期用作农肥。

（五）常见问题及处理措施

1. 水泵运行中必须立即停机的情况

水泵发生断轴故障；电机发生严重故障；突然发生异常声响或振动；轴承升温过高；装有水泵的构筑物中水位偏低，而水泵依旧运行，应停机检查；水泵堵塞、止回阀堵塞。

2. 水泵流量、扬程下降的原因及排除方法（表5-4）

水泵流量、扬程下降的原因及排除方法　　表5-4

原因分析	排除方法
输送扬程过高	检查水泵选型、出水管尺寸是否正确
抽吸的介质走旁路	检查阀门是否被关死，然后满负载测试泵
出水管泄漏	找出泄漏点，并进行维修
出水管局部可能被沉积物堵塞	检查管线，清理或更换
泵局部堵塞	检查和清理泵（包括在过滤网内使用的）
止回阀有垃圾	停止提升泵，打开止回阀，清理垃圾
水位不够	下次跟进

3. 泵运转后无流量的原因及排除方法（表5-5）

泵运转后无流量的原因及排除方法　　表5-5

原因分析	排除方法
气塞	频繁打开和关闭阀门；启动停止泵数次，启动/停止泵时间相隔2 ~ 3min；根据安装方法，检查是否需要安装释放阀
检查出水排放阀门	打开阀门；检查阀门安装方向是否有误

续表

原因分析	排除方法
控制电器损坏	检查电器
止回阀堵塞	停止提升泵，打开止回阀，清理垃圾
无水	下次跟进
电磁流量计损坏	检修

4. 泵启动、停止过于频繁的原因及排除方法（表5-6）

泵启动、停止过于频繁的原因及排除方法　表5-6

原因分析	排除方法
浮球开关选定距离过短	重新调整浮球开关，延长运行时间
止回阀故障，使液体倒流入污水池	检查阀门并维修

5. 泵无法停止的原因及排除方法（表5-7）

泵无法停止的原因及排除方法　表5-7

原因分析	排除方法
浮球开关功能失灵	检查并根据需要更换
浮球浮子卡在工作位	松开，根据需要调整位置
时控开关处于“开”的状态	调整到“自动”状态

6. 泵启动后，断路器、过载器跳开的原因及排除方法（表5-8）

泵启动后，断路器、过载器跳开的原因及排除方法　表5-8

原因分析	排除方法
电压过低	检查电压，如果电压过低则不能使用；电缆线过长，引起压降过大，应尽量缩短电缆，并适当选择粗些的电缆线
电压过高	使用变压器，将电压调整到正常范围
电机接线错误	检查控制盒中电缆彩色编号和接头标号并检查接线
在涡壳底部堆积有沉淀物	清理泵和污水池，参见安装说明中的有关部分
电机漏电	提升泵和污泥泵需单独排查
电气故障	所有设备单一排查，线头松动

7. 泵不能启动，熔丝熔断或断路器跳开的原因及排除方法（表5-9）

泵不能启动，熔丝熔断或断路器跳开的原因及排除方法　表5-9

原因分析	排除方法
浮球故障	检查旁路浮球开关是否能启动泵，如是，应检查浮球开关

续表

原因分析	排除方法
绕组、接头或电缆短路	用欧姆表检查，如是短路应检查绕组、接线头及电缆
泵被堵塞	切断电源，将泵移出污水池，清除障碍物，复位前先进行试用
电气故障	看看表面有无被烧的痕迹；热继电器是否跳闸；接触器是否正常吸合；线头是否松动

8. 泵突然停转的原因及排除方法（表5-10）

泵突然停转的原因及排除方法　　表 5-10

原因分析	排除方法
开关断开或保险丝烧坏	检查使用扬程范围或电源电压是否符合规定并加以调整
电源断电	查出断电原因：(1) 总电源跳闸；(2) 水泵漏电；(3) 零线接地，排除故障
叶轮卡住	清除杂物
定子绕组烧坏	更换绕组，进行大修
保护器跳闸	断开电源，查明原因（电源电压过低、过载、叶轮卡死），排除故障。5min后重新接通电源
电机漏电	用欧姆档检查火—地、地—零的阻值。阻值可参照相应的电机

9. 水泵振动，噪声大的原因及排除方法（表5-11）

水泵振动，噪声大的原因及排除方法　　表 5-11

原因分析	排除方法
电动机、水泵地脚固定螺栓松动	重新调整，紧固松动螺栓
水泵、电动机不同心	重新调整水泵、电动机同心度
水泵出现较严重的气蚀现象	应采取减少出水量，或者提高吸水池或吸水井水位，减小吸上真空度，或更换吸上真空度更高的水泵
轴承损坏、生锈	更换新轴承
泵轴弯曲或磨损	修复泵轴或更换新泵轴
水泵叶轮或电动机转子不平衡	解体检查，必要时做静、动不平衡试验，此项工作只有排除其他原因时方可进行
泵内进杂物	打开泵盖检查，清除堵塞物
流量过大或过小，远离泵的允许工况点	调整控制出水量或更新、改造设备，使之满足实际工况的需要

10. 水泵轴承过热的原因及排除方法（表5–12）

水泵轴承过热的原因及排除方法　　表 5-12

原因分析	排除方法
水泵未出水，无冷却水润滑	停机，重新按运行要求启动
水泵卡住	检修水泵

11. 泵不吸液，压力表指针剧烈跳动的原因及采取的措施

一般为泵内未注满液体，管路或仪表漏气。

措施：将泵内注满液体，继续抽真空，拧紧或者堵塞漏气处。

12. 泵出口有压力而水泵仍不出水的原因及采取的措施

出口管线阻力太大，旋转方向不对，叶轮淤塞，泵转速不够。

措施：检查或缩短出口管线；改变电机转向，打开泵盖，清洗叶轮，校正转速。

13. 风机噪声高的原因及排除方法（表5–13）

风机噪声高的原因及排除方法　　表 5-13

原因分析	排除方法
管道堵塞引起压力升高	清扫或更换管路
皮带罩安装不当引起振动	重新装好皮带罩
电机轴承磨损	更换新的轴承
风机内进入灰尘造成研伤	拆修风机
无润滑油	检查供油系统
润滑不良	清洗滴油嘴和油过滤器
V型带轮松动	紧固顶丝
三角带打滑	调整皮带张紧度

14. 风机发热的原因及排除方法（表5–14）

风机发热的原因及排除方法　　表 5-14

原因分析	排除方法
管道堵塞引起压力升高	清扫或更换管路
皮带罩安装不当引起振动	重新装好皮带罩
电机轴承磨损	更换新的轴承
风机内进入灰尘造成研伤	拆修风机
无润滑油	检查供油系统
润滑不良	清洗滴油嘴和油过滤器
V型带轮松动	紧固顶丝
三角带打滑	调整皮带张紧度

续表

原因分析	排除方法
超负荷运转	检查管道是否堵塞
风机进口滤清器堵塞	清扫空气滤清器
风机转子靠偏	用木锤轻轻敲打端盖
断润滑油	补充机油及检查供油系统
皮带打滑	调整皮带张紧度
润滑不良	换油和清洗滴油嘴和油过滤器
风机内部研伤	拆检风机
反转	调整相序

15. 风机耗油太快的原因及排除方法（表5–15）

风机耗油太快的原因及排除方法 **表5-15**

原因分析	排除方法
超负荷运转	检查管路系统
空气滤清器堵塞	清扫空气滤清器
漏油	修好
温度过高造成机油蒸发飞溅	检查原因并修好

16. 风机皮带破损过快的原因及排除方法（表5–16）

风机皮带破损过快的原因及排除方法 **表5-16**

原因分析	排除方法
过负荷运转	做相应调整
皮带打滑	
两皮带轮不平行	

17. 电磁流量计仪表无显示的处理

仪表无显示时，应检查电源是否接通，检查电源保险丝是否完好，检查供电电压是否符合要求。当还是无法解决问题时，应更换新的仪表，及时将问题仪表返回厂家维修。

18. 电磁流量计励磁报警的处理

检查励磁接线EX1和EX2是否开路；检查传感器励磁线圈总电阻是否小于150FL；如果前两项都正常，则转换器有故障。

19. 电磁流量计空管报警的处理

（1）测量流体是否充满传感器测量管。

（2）用导线将转换器信号输入端子SIG1、SIG2和SIG GND三点短路，此时如“空管”提示撤销，说明转换器正常，有可能是被测流体电导率低或空管阈值及空管量程设置错误。

（3）检查信号连线是否正确。

（4）检查传感器电极是否正常：

使流量为零，观察显示电导比应小于100%；在有流量的情况下，分别测量端子SIG1、SIG2对SIG GND的电阻，电阻值应小于50kΩ（对介质为水测量值。最好用指针万用表测量，并可看到测量过程有充放电现象）。

用万用表测量DS1和DS2之间的直流电压应小于1V，否则说明传感器电极被污染，应进行清洗。

20. 电磁流量计测量的流量不准确的处理

（1）检查被测量流体是否充满传感器测量管。

（2）检查信号线连接是否正常。

（3）检查传感器系数、传感器零点是否按传感器标牌或出厂校验单设置。

（4）检查水泵、止回阀是否存在堵塞问题。

21. 进水量异常的原因及措施

（1）管路堵塞

措施：排检管路及检查井是否有堵塞物，并清除堵塞物。

（2）是否有企业污水或新建农家乐污水接入

措施：污水收集管网排查，并与当地领导沟通。

（3）流量计异常

措施：检查流量计是否异常，并按流量计处理办法处理相关故障。

22. MBR膜透过水量减少或膜间压差上升的原因及采取的措施

（1）膜堵塞

措施：进行药洗。

（2）曝气异常导致对膜面没有良好地冲洗

措施：改善曝气状态。

（3）污泥形状异常导致污泥过滤性能恶化

措施：

①改善污泥性状。

②调整污泥排放量。

③阻止异常成分的流入（油分等）。

④BOD负荷的调整。

⑤原水的调整。

23. 终端设施出水水质不达标的原因

终端处理设施出水水质未能达到设计出水水质标准时，工程运维人员可首先考虑从如下方面查找原因：

（1）检查污水进行浓度和进水水量，是否有其他污水混入，周围是否有新开农家乐、新建工厂、养殖场等。

（2）最近气温如何，是否过低。

（3）风机、污泥回流泵、混合液回流泵等是否正常按调试时确定的最佳参数工作。

（4）检查活性污泥浓度、状况，活性污泥浓度是否过低或是否发生污泥流失现象。

（5）终端污水处理设施各构筑物内剩余污泥是否正常，如果剩余污泥过多，应及时将剩余污泥排出，并妥善处置。

（6）其他。

24. 终端设施厌氧池的维护注意事项

终端处理设施厌氧处理池的维护工作主要是厌氧池内污泥的清掏与处置。污泥一般是2～3年清掏一次，也可根据实际情况定期清掏，发现剩余污泥过多时应及时清掏。在对厌氧池进行维护时，应特别注意：

（1）厌氧池污泥有臭味，易滋生蚊蝇，污泥渗沥液对周边水体环境会造成二次污染，因此，厌氧处理池清掏出来的污泥应妥善处置，如可考虑用于农田施肥。

（2）厌氧池停运放空清理和维修时，应打开人孔、顶盖强制通风24h，将活体小动物（鸡、狗）放置池内，检测到厌氧池硫化氢等有毒气体浓度在安全范围后，运维人员方可进入池体内部作业。当有人员进入厌氧池内工作时，池外需要有人值守，一次进入池体内维修时间不超过2h。

（3）厌氧池内由于微生物作用会产生和积聚沼气，沼气是易燃易爆气体，在厌氧池清理前后及清理中，周围及池内都应禁止吸烟和明火作业。

25. 污泥膨胀的危害

污泥膨胀是指污泥结构极度松散，体积增大、上浮，难于沉降分离的现象。发生污泥膨胀后，大量污泥流失，回流污泥浓度低，直接影响出水水质，并影响整个污水生化处理系统的运行情况。

可用透明容器取好氧池内泥水混合物，静置30min，发现泥水混合物未能形成清晰的泥水分界面，即发生污泥膨胀。污泥膨胀产生的主要原因有：①溶解氧浓度低；②有机负荷过低或过高；③污泥微生物所需氮磷营养不平衡。

预防和解决污泥膨胀问题的措施：

（1）预防丝状菌过度生长。在好氧池前段设计进水与污泥的接触区域（生物选择器），提高污泥的局部进水量与污泥量比例（F/M值），避免低进水负荷引发的丝状菌污泥膨胀。

（2）控制溶解氧浓度。通过调节反应器进水量，降低污泥微生物分解进水中营养成分所需溶解氧，维持好氧池溶解氧浓度在2mg/L以上。

（3）控制反应器负荷。根据运行经验，将好氧池有机负荷控制在合理范围内，使其他沉降性能较好的微生物菌种超过丝状菌生长。

26. 好氧池出现泡沫、浮泥的原因及防治措施

好氧池在运行调试阶段，容易出现活性污泥泡沫、浮泥，影响工程出水水质与外观。

好氧池出现泡沫、浮泥的可能原因主要有：

（1）污水中洗涤剂增多时，好氧池污泥泡沫呈白色，且泡沫量较大。

（2）污泥泥龄太长，或曝气量过高导致污泥被打碎、吸附在空气气泡上，泡沫呈茶色、灰色。

（3）污泥负荷过高，有机物胶黏，好氧池容易出现污泥泡沫、浮泥。

好氧池出现泡沫、浮泥时，应采取的措施主要包括：

（1）及时掏除浮泥，减少浮泥微生物。

（2）喷水，破坏泡沫。

27. 好氧池有臭味、污泥发黑、污泥变白的处理

好氧池出现供氧不足，DO值低，出水氨氮偏高时都有可能出现臭味，应提高曝气量和曝气时间，增加供氧，使好氧池内DO高于2mg/L。

当好氧池溶解氧过低时，有机物厌氧分解析出H_2S，其与Fe生成FeS，导致污泥发黑，应增加供氧或加大污泥回流。

当丝状菌或固着型纤毛虫大量繁殖及进水pH过低时都会导致污泥变白。针对丝状菌或固着型纤毛虫大量繁殖，导致污泥膨胀变白，参照“预防和解决污泥膨胀问题的措施”处理；针对进水pH过低，好氧池pH≤6时，丝状型菌大量生成，可通过提高进水pH值。

28. 好氧池泡沫茶色或灰色、泡沫不易破碎的处理

当污泥老化、泥龄过长，解絮污泥附于泡沫上时，可能会导致好氧池泡沫呈茶色或灰色，应增加排泥。

当有机物分解不全时，好氧池泡沫会出现发粘、不易破碎的现象，应降低进水负荷。

29. 活性污泥生长过慢、活性不够的处理

活性污泥生长过慢，可能的原因有：营养物不足，微量元素不足，进液酸、碱度过高，种泥不足等。可分别通过增加营养物和微量元素，减少酸碱度，增加种泥解决。

污泥活性不够，可能的原因有：温度不够，营养或微量元素不足，无机物Ca^{2+}引起沉淀。可分别通过提高温度，增加营养物和微量元素，减少进泥中Ca^{2+}含量解决。

30. 二沉池有细小污泥不断外漂、上清液混浊，出水水质差的处理

当污泥缺乏营养，进水中氨氮浓度高，碳氮比不合适或池温超过40℃时，二沉池有细小污泥不断外漂，应投加营养物或引入高浓度BOD水，使$F/M > 0.1$。

污泥负荷过高，有机物氧化不完全可能会导致二沉池上清液混浊，出水水质变差，应减少进水流量或减少排泥。

31. 防治和解决二沉池浮泥问题

农村生活污水处理工艺中，在二沉池常出现块状浮泥，其结构松散，随水流出后大大增加了污水SS含量，严重时造成污水不达标排放。二沉池出现浮泥的原因有：

（1）二沉池污泥未及时排出，沉积在二沉池池底的污泥发生厌氧发酵，产生了二氧化碳、甲烷等气体，携带二沉池污泥上浮，形成浮泥。

（2）二沉池的泥水混合液中含有一定量的硝态氮。二沉池池底部缺乏氧气，反硝化细菌分解利用已经在二沉池底的污泥中的有机质，代谢硝态氮，生成氮气。氮气微气泡吸附在污泥表面，携带污泥上浮，形成浮泥。

为避免二沉池出现浮泥，或者在出现浮泥问题后，应采取的措施如下：

（1）二沉池及时排泥，避免在池底形成厌氧环境，为防止二沉池有死角，排泥后在死角处用压缩空气冲或高压水清洗。

（2）反硝化控制，强化二沉池前端污水生物处理流程中反硝化过程，降低进入二沉池泥水混合液中硝酸盐氮及亚硝酸盐氮的浓度。

（3）清捞浮泥，防止浮泥进入二沉池出水，影响整个污水生物处理工艺流程出水中SS

浓度。这种方法只能应急，不能彻底解决浮泥流出的问题，最终解决问题还需要从工艺、操作技术方面解决。

（4）二沉池设计挡板，拦截污泥，一定程度上有效防止污泥流入出水中。

32. 出水氨氮、BOD、COD升高的原因

出水氨氮较高主要原因可能是反应时间不够，当污水有机氮较高，由于硝化时间不够，有机氮的氨化速率大于氨氮的硝化速率，可能导致出水氨氮上升。另外还应确认是否控制好硝化的基本条件。

当发生污泥中毒，进水浓度过高，进水中无机还原物（S_2O_3、H_2S）过高，COD测定受Cl^-影响时，可能会导致出水BOD、COD升高，可分别通过污泥复壮，提高MLSS，增加曝气强度，排除Cl^-的干扰等方式解决。

（六）运维记录

1. 一般要求

（1）运维服务机构必须做好运维记录。

（2）运维记录主要包括：处理设施身份证，巡查、检查记录，养护记录，维修记录，进、出水水质自检记录，投诉反馈记录，培训等内部管理记录等。

（3）对有关的记录应及时进行必要的统计、分析，提出建议供有关部门、单位参考。

（4）部分运维记录表格格式参见附录二。

2. 处理设施身份证信息记录

处理设施设置情况应记录，形成处理设施身份证信息，录入企业信息平台，有变化应及时更新。

3. 检查记录

（1）检查记录主要包括农户端设施运行情况、管网设施运行情况、终端设施运行情况等。

（2）受农户委托的户内设施养护、维修的，也应该做好巡查、检查记录。

4. 养护记录

（1）主要针对巡查、检查过程中发现的问题所做的养护记录。

（2）记录的主要内容包括养护日期、时间、自然村名、终端编号、养护的设施、养护的项目及内容、养护后的状况及养护人员等内容。

（3）对于清掏、除杂草等内容的养护记录还应如实记录前后的对比照片。

5. 维修记录

（1）主要针对处理设施中有影响正常功能发挥及存在缺陷的设备或构筑物所做的维修记录。

（2）记录的主要内容包括维修日期、时间、自然村名、终端编号、维修的设施、养护的项目及内容、维修途径、维修后的状况及维修落实人员等内容。

6. 水质自检记录

运维服务机构应做好水质自检工作，形成处理设施终端进、出水水质自检记录，包括水质检测计划、水质检测报告、结果评价报告等。

7. 投诉反馈记录

（1）应落实专人负责受理。

（2）相关记录内容应及时，一般不得超过2个工作日。

（3）不仅要记录投诉发生问题的时间、地点、问题现象等，还应记录跟踪反馈问题排除时间及问题处理结果等。

六、运维监控平台管理

（一）智能监管系统的建设

1. 智能监管系统对农村生活污水治理的监管层面

智能监管系统全称智能监视与信息管理系统，系统包括在线监视监测与信息档案管理两大模块。对于省、市、县三级农村生活污水治理设施的运维管理工作，都需建立相应层面智能监管系统协助管理。

2. 系统监管的终端设施的要求及具体监管

一般要求设计日处理能力在30t以上、受益农户100户以上或位于水环境功能要求较高的区域（如水源保护区）的农村生活污水治理设施，需进行系统在线监视监测。根据有关环境监管要求，这些农村生活污水治理设施需要规范安装或改装处理水量计量和运行状况监控系统，并定期监测处理水量和出水水质状况。对于部分位于水环境功能要求较高的区域且设计日处理能力较大的有动力生活污水处理设施，还应安装实时视频监控摄像头和流量计、COD、NH_3-N、TP等在线监测仪表以及设备运行常态、数据收集及传输装置。

3. 监测仪表、设备的选用原则

所有视频监控摄像头、流量计、数采仪、服务器等在线监测仪表都应是最先进、可靠、成熟且易维护的品牌产品。仪表的厂家应需能够提供良好质量保证和完整售后服务，并提供完整的配件、附件、备品备件。

4. 信息管理系统应具备的功能及智能软件架构

信息管理系统应具备可随时展示站点档案、地图显现、设备运行情况监管、流量统计分析、视频监控、考勤、水流量报表、风机水泵等设备运行状态报表、考勤统计、工单执行情况、站点运行状况分析、安防报警情况报表、告警信息需求、完整档案管理（包括电子档案形式管理各类行政文件、规划文件、设计文件、施工文件、运行维护文件）等功能。

同时还具备相应的手机移动端程序（程序需兼容市场主流手机系统），对上述功能进行随身操作。系统开发还应优先采用云服务和知名数据口，为系统的扩展以及接入预留接口。

信息管理系统经硬件调试和联机调试合格后方可投入使用，系统建设完成后，需要有专门的托管场地和专人负责维护。

智能监管系统的软件架构可以从资源管理层、应用层，以及用户层来进行设计，以某一直辖市为例，该市的系统软件架构如图6-1所示。

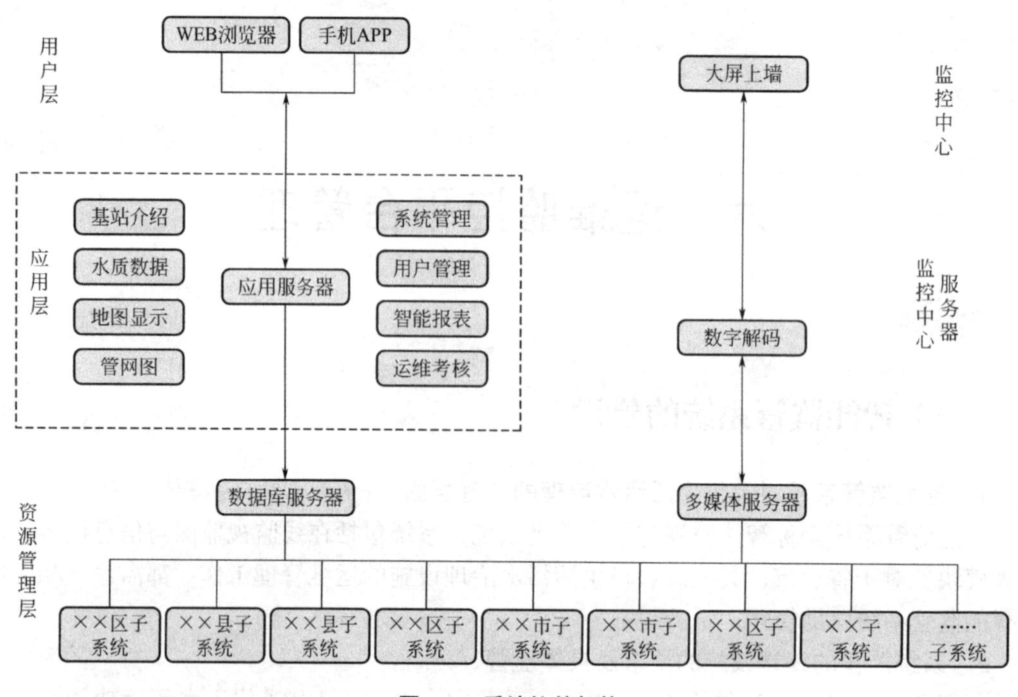

图 6-1　系统软件架构

（二）智能监管系统的运维

1. 监管中心设备的维护管理

监管中心的设备主要包括电视墙、办公桌椅、电脑、网络设施以及空调等。在对监管中心维护时，应做到以下几点：

（1）定期对所有设备上显露的尘土进行清理，防止由于设备运行、静电等因素将尘土吸入监管设备内部。

（2）定期对空调设施进行检查，确保整体温度及湿度符合国家对机房的相关标准规范。

（3）定期检查监管中心各硬件设备的运行状态，确保设备运行状态异常时能及时发现并排除。

（4）定期对监管中心计算机网络的各项技术参数及传输线路的质量进行检查，及时处理故障隐患。

（5）定期对已老化的网络配件进行检查，发现有老化现象的部件应及时更换。

服务器的运行维护应做到：

（1）根据监管中心各项系统服务以及应用服务的要求，每周定期检查服务器的报警、数据分析等各项系统参数，处理故障隐患。

（2）每周定期对服务器软、硬件进行检查，及时诊断与排除故障。

（3）每周定期对服务器进行查杀病毒，并检查系统的备份数据完整性。

服务器运行维护服务的基本操作流程如图6–2、图6–3所示。

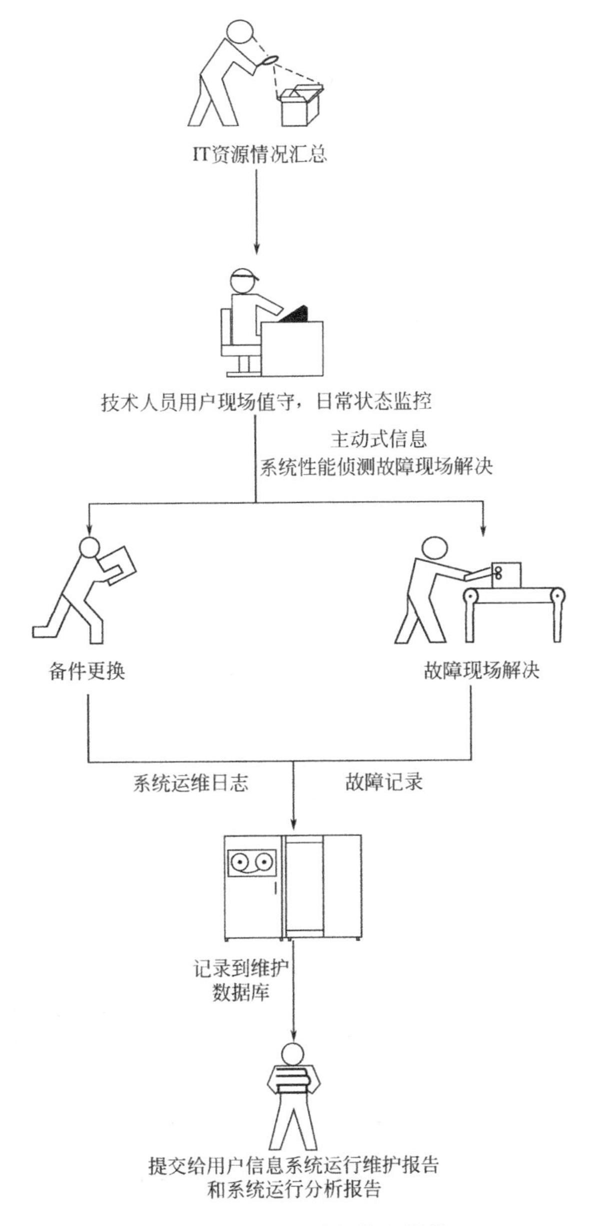

图 6-2　服务器运行维护的基本操作（一）

电视墙（或者展示大屏）的运维应做到：

（1）定期检查线路连接以及标注情况，发现异常及时处理。

（2）定期对易老化的部件进行检查。

（3）定期对控制系统进行检查、诊断与排除故障。

（4）定期对多媒体系统展示设备进行检查、诊断与排除故障。

2. 对监管信息系统的维护管理

（1）每日需至少对监管联网站点进行不少于2次的网络巡检，查看站点的视频、流量、信号传感器、设施运行情况以及警报情况。发现问题应及时处理，并做好异常情况处理过程的台账记录。

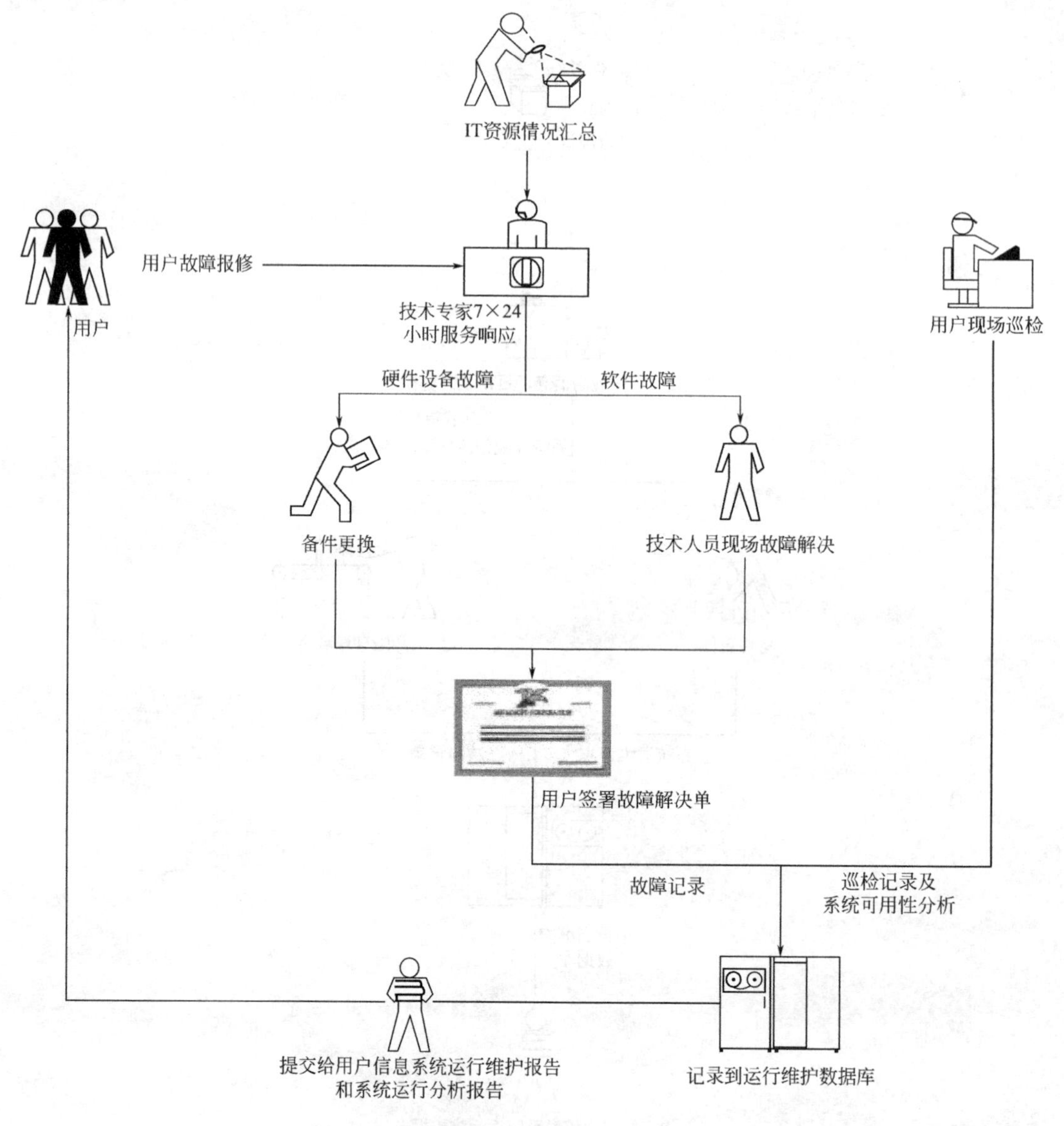

图 6-3　服务器运行维护的基本操作（二）

（2）每周检查监管系统的日志数据资料的安全性与完整性，做好相关备份工作。

（3）至少每月一次对整体站点的运维数据进行统计整理，包括工作日志、报表等工作记录整理归档，并上报相关部门。

3. 终端监控设施的维护管理

站点监控设施主要包含视频监控、水质监控、设备监控、考勤、安防以及网络传输设备等，在对其进行维护时，应做到：

（1）定期对站点监控设备和设施进行除尘清理，对摄像头、防护罩等部件需卸下吹风除尘。

（2）定期校准监管设施的各项技术参数，并检测系统传输线路质量，处理故障隐患，确保设备各项功能良好，正常运行。

（3）定期对易老化的监控设备部件进行检查，及时维修更换。

（4）对配置有水质在线监测仪器的，需定期对水质在线监测仪器进行保养，其中柜式水质检测仪应对其取水泵、取水管路、配水/进水系统、仪器分析系统（包含自动加药系统）进行全面检查维护。并对控制柜散热风扇、散热口进行定期清灰。

（5）定期对流量计进行检查校准，并清理、清洗电极以及管壁内污垢。

（6）应每月对各站点的巡查、检修信息进行汇总，并保存以电子文档形式，抄送监管中心。

4. 水质监测分析仪器维护管理

在仪器的安装与维护中，应做到：

（1）为确保分析仪器准确、可靠、真实地测量数据，首先应该确保采用系统能够长期稳定地运行，采用泵的安装要方便更换或维修。

（2）为保证安全和稳定性，COD、氨氮、总磷等自动分析仪必须具备独立、可靠的接地。

（三）企业信息平台

1. 企业应建立企业信息管理平台，企业平台应具备农村生活污水治理设施运维管理相关功能，具有多区域农村生活污水治理设施运维工作的企业应设立所有区域运维管理的总平台。

2. 企业平台应具备基础信息库、人员管理、内部规范、权限管理、设施信息管理、运维工作管理、政策导则、政府对接、报表管理等功能。

基础信息库应至少包括农村基本信息库、设施设备信息库、运维企业基本信息库、管理监督人员信息库等。

（1）农村基本信息库应包含行政区域编码、名称、上级行政区域、面积、经度、纬度、农户数、户籍人口以及设施建设信息等基本信息以及各自然村信息等。

（2）设施设备信息库应包含处理设施身份证信息、处理设施运维维护信息。

（3）运维企业基本信息库应包含企业名称、法人、联系电话、员工数、地址、运维能力等级等基本信息及员工信息、化验室及化验设备信息、运维设备信息等。

（4）管理监督人员信息库应包含管理人员信息包括各级主管部门的负责人、工作人员以及委托管理单位的负责人、工作人员联系方式；监督人员信息为村、镇（街道）、县（市、区）三级监督人员联系方式。

人员管理功能应至少包含用户根据职能类型、工种类型的信息不同分类管理，包括编号、人员照片、联系方式、账号密码、所属公司、所任角色、所在地等信息。

内部规范功能应至少包含企业对员工的要求规范、企业对运维工作的要求规范等内容。

权限管理功能应至少包含根据不同用户分配管理数据的查看权限与功能的使用权限。

设施信息管理功能应至少包含设施介绍、设施位置、名称、运行状态、设备信息、设施水质、图像、流量等上传数据等信息的查看，以及对不同运维区域数据单独管理、所有运行区域分布分级管理功能。

运维工作管理功能应至少包含告警管理、工单管理及巡检管理等功能。

（1）告警管理包括对不同区域的设施按运维要求设定告警逻辑，在告警触发后，通过发送短信、邮件等渠道推送自动发送告警信息，记录查看告警记录以及告警信息发送后自动生成相应工单。

（2）工单管理应包含工单的人工生成与自动发送功能，对不同种类工单分类显示，记录上报处理工单结果。

（3）巡检管理应包含巡检任务的制定、巡检结果的上报、巡检记录查看、巡检档案下载、考勤管理等内容。

政策导则功能应包含农村生活污水治理设施运维工作相关导则的上传、浏览、下载功能。

政务对接功能应至少包含与上级政府管理平台、政府门户网站数据对接，上传运维管理数据、报表数据等，接收上级文件、指令要求。

报表管理功能应至少包含对所有区域和单独不同区域的设施生成设施运行情况、进出水水质情况、养护情况、维修情况、设施设备工作情况等报表。报表呈现形式、内容应按照有关部门要求制作，所有报表均可上传至指定上级平台、政务网站或主管部门邮箱，并具有批量下载能力。

3. 企业平台的维护应至少包含数据库维护与电子台账维护两项。

每日至少需对监管设施进行不少于2 次的网络巡检，查看各设施视频画面、流量和设施运行数据等情况。发现异常的应及时处理，视频异常的通知链路提供单位处理，其他异常情况即时通知运维人员到达现场处理，并做好异常情况处理过程台账记录。

每日查看企业平台的告警信息，检查各告警设施的相关信息数据，并通知运维人员现场处置。

每日检查设施视频监视、信号传感器等设备的运行情况，如有故障及时与相关维护部门联系维修。

每周检查企业平台系统日志和数据，并做好相关备份。

每周做一次整体区域设施运维数据统计整理，每月月底将本月的工作日志、报表等工作记录整理后归档，并上报相关部门。

（四）监控中心的规章制度

1. 监控中心的规章制度及职责

监控中心的规章制度大致可以分为：

（1）监控中心职责以及管理架构。

（2）监控中心岗位职责及行为规范。

（3）监控中心运维制度规定。

监控中心的职责可以分为以下七条：

（1）负责对辖区内农村生活污水治理终端站点的整体环境、出水情况、设备运转情况、终端运行情况、安全保卫和安全防火等的监控工作。

（2）协助运维单位及时处理站点发生的各种问题以及突发情况，协助镇、村主体业主预防、处理站点可能发生的各种安全事件。

（3）协助主管部门对运维单位运维情况的监管、考核。

（4）协助主管部门对西湖区农村生活污水治理终端运维管理的指挥工作。

（5）记录农村生活污水治理终端站点的运行情况和运维单位值勤作业情况，备案相关资料。

（6）协助运维单位更便捷地开展运维工作。

（7）协助降低减少农村生活污水治理终端能耗。

2. 监控中心值班制度

监控中心值班人员应严格遵守值班制度，值班制度如下：

（1）值班期间值班人员须坚守岗位，严格履行岗位职责，对值班室内的一切物品、设施负责。

（2）值班时间禁止在监控中心接待客人或容留无关人员，禁止无关人员进入监控中心；禁止用监控中心的电话打私人电话闲谈。

（3）禁止带私人物品或易燃品在监控中心存放。未经部门主任批准，不允许任何人参观监控中心的设施设备。

（4）在监控中心值班期间严禁吸烟、吃零食、看书报杂志等。

（5）当监控系统发生故障时，应及时处理上报，保证设备始终处于正常运转状态。

（6）监控系统发出报警信号时，严格按照报警操作程序操作处理，并及时向部门领导报告，并认真做好记录。

（7）在监控系统监控范围内，要密切观察监控情况，发现问题及时通知相关运维单位人员处理，同时做好录像跟踪记录，以便查询。

（8）其他各岗位值班人员无特殊情况，不得随意进入监控中心值班室。非专业人员或本室值班人员严禁乱动监控中心设备。

（9）值班人员要做好监控设备的维修与保养，定期进行检查，消除故障，保证设备的正常运行。发生设备故障，第一时间通知维修人员到场处理。

（10）不得携带易燃品进入监控中心，不得使用监控中心以外的用电设备，如因工作需要，要经过部门经理批准，并由专人看管。

（11）值班记录填写清楚、详细。当班发现的问题，要在当班时及时处理。对确实处理不了的，交下一班处理，交接班记录要完整、详细、清楚。

（12）随时保持室内和设备清洁卫生，监控中心内不准堆放物品，不准存放与工作无关的私人物品。

（13）做好防雷、防火、防盗工作。

（14）按时交接班，并详细做好交接班工作对接。

（五）监控中心应急服务

1. 突发的应急事件的处置

针对各类突发事件，应事先设计相应的预防与解决措施，同时提供完整的应急处理流程（图6-4）。

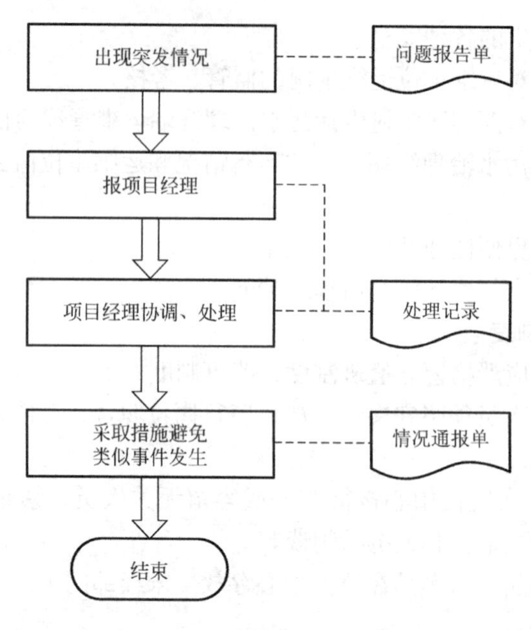

图 6-4

2. 系统运行的风险及预防处理措施

针对在监管系统运行过程中可能遇到的各种各样的风险，应制定一系列预防处理措施，常见的风险事件、预防措施及处理方式见表6-1所列。

常见的风险事件、预防措施　　表 6-1

类型	事件	预防措施	处理
应用软件	无法启动软件平台	提前准备好各类需维护程序	检查服务器、数据库配置，分析原因；无法解决的，进行数据文件备份后，升级维护
	软件平台打开过程中或运行中异常错误关闭	准备好安装程序，操作系统优化和修补、查杀病毒软件	判断出错原因，备份数据，采取相关修复措施
操作系统	使用者本机操作系统异常或系统资源占用严重	准备好系统检查程序、修补程序，以及查杀病毒软件	告知使用者错误原因可能类型，提出解决方案，经使用者认可后采取相应措施
	B/S结构系统，浏览器异常或无法下载控件	准备“流氓”软件清理程序、修复浏览器、查杀病毒软件	检查浏览器选项设置，分析原因进行修复
网络或服务器	B/S结构系统网络流量异常或服务器登录异常	判断服务器是否异常，否则准备杀毒软件	检查网络流量，流量异常小则报修网络服务商，流量异常大则查杀病毒

3. 投诉服务渠道和应急响应标准及客户投诉处置

现场服务一：配备专业运营维护服务工程师及时响应客户投诉要求，7d × 24h待命，1h内响应到场直至问题解决。

现场服务二：配备专业运营维护服务工程师，每周月固定时间，到客户现场，向客户反馈终端系统运营维护情况，接受客户相关要求及投诉，并及时做出回应。

电话服务：设置专人职守的热线电话响应客户投诉服务要求，工作时段5d×8h待命，30min内响应，即时到场处置。在非工作时段专人手机7d×24h待命，30min内响应，1h内到场处置。

邮件服务：设置专用的邮件服务地址，7d×24h接收客户服务请求，4h内响应，次日到场处置。

即时消息：设置专用的QQ消息服务，5d×8h接收客户服务请求，30min响应，1h内到场处置。

针对以下人员伤亡事故、发生火灾、进水水质恶化、进水量突然增大、构筑物运行异常、污水处理设施运行关键性设备故障、突然断电、大风雨雪等恶劣天气等情况，立即启动应急响应。

以上情况发生后，巡检管理责任人根据事故情况第一时间要做出正确反应（如若巡检管理责任人不在污水处理设施现场，则必须第一时间向运维部反映情况，运维部指派就近巡检管理人员赶赴现场进行处理，巡检管理人员必须在1h以内赶到故障站点），并进行及时有效的应急处理，随即通知经理，启动应急响应，主管经理通知应急预案指挥小组人员，应急响应指挥体系和应急实施体系开始履行职责。

4. 客户投诉控制与管理

在处理客户投诉的管理上，应做到以下几点：

（1）运维公司必须严格做好污水处理设施运营工作的检查与考核，加强对现场巡检人员巡检工作质量的检查与考核，加强对巡检人员职业技能的培训工作。

（2）运维公司要加强现场巡检人员的管理服务规范的培训教育工作，提高服务意识。要做到举止文明、礼貌待人。客户对服务有异议时，要及时沟通，耐心解释，让客户满意。

（3）运维公司要制定完善工作制度，健全服务质量投诉档案管理，严格控制对现场工作人员的投诉率，实行奖惩挂钩。

5. 治理设施运行维护档案管理的相关要求

（1）结合实际情况建立档案分级管理制度。

（2）镇（乡）级政府保存每个污水治理设施的纸质文件和重要纸质文件的电子版。

纸质文件包括：工程设施、施工、竣工资料和验收移交记录等；设施的说明书、图纸、维护手册；各种农村污水治理设施；相关的规章制度、技术规范和维护指标、技术文件和有关规定等；污水治理设施减排量数据、技术人员和档案管理人员档案等。

电子文件包括竣工资料、重大故障报告及处理结果、污水治理设施减排量数据等。

（3）运维单位保存每个污水治理设施的动态资料，包括：处理水量记录、电量电费记录、周期性的进出水水质检测数据、年度检修测试记录、整改落实情况记录、运行维护记录、巡查记录等。

七、农村生活污水处理设施水质检测

（一）水样基本知识

1. 终端处理设施采集的水样种类

为了取得有代表性的样品，一般采集的水样主要有以下几种：

（1）平均污水样：即在一个时间周期内按某时间间隔分别采集数次，对于性质稳定的污染物可将数次样品混合均匀一次测定。

（2）混合污水样：将一个排污口不同时间采集的污水样，根据流量大小，按比例混合水样，得到平均比例混合水样。这是获得平均浓度最常采用的方法。

（3）瞬时污水样：在适当的时间相应的部位采集瞬时水样，分别测定水质的变化程度或瞬时状态。

为方便起见，终端处理设施采集的水样一般是瞬时污水样。

2. 终端处理设施水样采集的一般原则

（1）采样器可用无色具塞硬质玻璃瓶或具塞聚乙烯瓶或水桶。采集深水水样时，需用专门的取样器。

（2）采样量原则上根据检测项目的多少计算水样的需要量。一般按照需要量的1.1 ~ 1.3倍采集水样。

（3）采样完毕，贴好标签后立即送至实验室及时分析检测，检测后的数据要及时、准确进行计算与换算。检测的原始记录应书写端正、规范、清晰、装订成册，保存完好，以便查阅，并及时向有关部门报送水质检测结果。

3. 影响水样水质变化的因素

离开水体的水样装进样品瓶后由于环境条件改变，包括温度、压力、微生物新陈代谢活动、物理和化学作用的影响等，能引起水样组分的变化。为了尽量减少水样组分的改变，使水样具有代表性，最有效的方法是尽量缩短存放时间，尽快分析检测。

影响水样水质变化的因素主要有：

（1）物理作用：易挥发成分的挥发、逸失；容器器壁及水中悬浮物对待测成分的吸附、沉淀，导致成分浓度的改变。

（2）化学作用：氧化还原作用的发生、水样吸收空气中的CO_2等气体，使水样pH值发生改变，其结果可能导致某些待测成分发生水解、聚合或沉淀。

（3）生物作用：细菌等微生物和藻类的活动，使待测成分发生改变。

这三种作用可能单独或同时发生，致使样品成分发生改变。由此可见如果样品保存不当，以后实验室分析操作无论如何认真仔细，测定结果都已不能代表取样时原来水体的成分和污染物质的浓度。

（二）水样检测

1. 水样的贮存容器及清洗

（1）常用的贮存水样的容器材料有硅硼玻璃（即硬质玻璃）、石英、聚乙烯和聚四氟乙烯。广泛使用的是聚乙烯和硼硅玻璃制成的容器。

（2）容器的清洗应根据监测项目的规定选择合适的洗涤剂，清洗要求及步骤如下：

①一般采用不含磷酸盐的洗涤剂清洗，清洗后用软毛刷洗刷容器内外表面及盖子，注意不要在容器内壁留下划痕。

②再用自来水冲洗干净，然后用蒸馏水冲洗数次。

③晾干，肉眼检查有无玷污痕迹。

④贮存用于监测有机污染物的玻璃瓶，也可用重铬酸钾洗液浸洗，然后用自来水、蒸馏水冲洗干净，晾干备用。

2. 水样检测指标及检测方法

水样检测指标主要包括：pH、SS、COD、氨氮、TP、大肠菌群。

（1）pH值：玻璃电极法（《水质 pH值的测定 玻璃电极法》GB/T 6920—1986）

原理：以饱和甘汞电极为参比电极，玻璃电极为指示电极组成电极（或直接采用复合电极），在25℃以下，溶液中每变化一个pH单位，电位差就变化59.16mV，将电压表刻度变为pH刻度，便可直接读出溶液的pH值，温度差可以通过仪器上的补偿装置进行校正。

测定方法：按照仪器使用说明书准备好仪器，用邻苯二甲酸氧钾、磷酸二氢钾—磷酸氢二钠和四硼酸钠标准缓冲溶液依次对仪器进行校正，在现场取一定水样测定或将电极插入水体直接测定pH值。

（2）悬浮物（SS）：滤膜法

悬浮物的测定是取一定体积的混合水样，去掉水样中漂浮的树叶、棍棒等不均匀物，一般用重量法测定。常用的重量法包括：滤膜法、滤纸法和石棉坩埚法三种。

滤膜法原理：用滤膜过滤水样，经103 ~ 105℃烘干后得到悬浮物含量。

（3）化学需氧量（COD）：重铬酸盐法（《水质 化学需氧量的测定 重铬酸盐法》HJ 828—2017）

原理：在水样中加入已知量的重铬酸钾溶液，并在强酸介质下以银盐作催化剂，经沸腾回流后，以试亚铁灵（硫酸亚铁二氮杂菲）为指示剂，用硫酸亚铁铵滴定水样中未被还原的重铬酸钾由消耗的硫酸亚铁铵的量换算成消耗氧的质量浓度。

（4）氨氮：纳氏试剂分光光度法（《水质 氨氮的测定 纳氏试剂分光光度法》HJ 535—2009）

原理：以游离态的氨或铵离子等形式存在的氨氮与碘化汞和碘化钾的碱性溶液反应生成黄棕色络合物，该络合物的色度与氨氮的含量成正比，可用目视比色或者用分光光度法测定。此颜色在较宽的波长内强烈吸收，通常测量用波长在410 ~ 425nm范围。

（5）总磷（TP）：过硫酸钾消解—钼锑抗分光光度法（《水质 总磷的测定 钼酸铵分光

光度法》GB/T 11893—1989）

原理：在中性条件下用过硫酸钾（或硝酸、高氯酸）使试样消解，将所含磷全部氧化为正磷酸盐。在酸性介质中，正磷酸盐与钼酸铵、酒石酸锑钾反应，生成磷钼杂多酸，被还原剂抗坏血酸还原，变成蓝色的络合物，通常称为磷钼蓝。

（6）大肠菌群

总大肠菌群的检验方法中，多管发酵法可适用于各种水样（包括底泥），但操作较烦琐，需要时间较长；滤膜法主要适用于杂质较少的水样，操作简单快速。

①多管发酵法（《水和废水监测分析方法（第四版）》）

原理：多管发酵是根据大肠菌群细菌能发酵乳糖、产酸产气以及具备革兰氏染色阴性、无芽孢、呈杆状等有关特性，通过三个步骤进行检验，以求得水样中的总大肠菌群数。

②滤膜法

原理：滤膜是一种微孔薄膜，孔径0.45 ~ 0.65 μm，能滤过大量水样并将水中含有的细菌截留在滤膜上，然后将滤膜贴在选择性培养基上，经培养后，直接计数滤膜上生长的典型大肠菌群菌落。算出每升水样中含有的大肠菌群数。

（三）检测结果报送及评价

1. 自行检测结果报送

（1）第三方运维服务机构应在自行检测数据分类汇总完成后1个月内上报自行检测数据和结果评价。

（2）第三方运维服务机构向运维主管部门上报自行检测数据和结果评价，应满足如下要求：

①日处理能力30t以上的治理设施，每月报送一次。

②日处理能力10 ~ 30t的治理设施，每两月报送一次。

③日处理能力10t以下的治理设施，每季度报送一次。

（3）第三方运维服务机构应及时将自行检测数据录入运维管理平台。

2. 委托检测结果报送

（1）县（市、区）运维主管部门应在委托检测数据分类汇总完成后1个月内向同级环保部门报送委托检测数据和结果评价。

（2）乡镇（街道）管理机构向县（市、区）运维主管部门报送委托检测数据和结果评价，应满足如下要求：

①日处理能力30t以上的治理设施，每季度报送一次。

②日处理能力10 ~ 30t的治理设施，每半年报送一次。

③日处理能力10t以下的治理设施，每年报送一次。

（3）县（市、区）运维主管部门应及时将委托检测数据录入运维管理平台。

3. 监督性抽测结果报送

（1）县（市、区）环保部门应在监督性抽测数据分类汇总完成后1个月内报送县（市、区）运维主管部门。

（2）县（市、区）运维主管部门应及时将监督性抽测数据录入运维管理平台。

4. 检测结果评价

（1）评价依据：《农村生活污水处理设施水污染物排放标准》DB33/973—2015。

（2）结果表达：根据《农村生活污水处理设施水污染物排放标准》DB33/973—2015执行分区标准，评定是否达标。

（3）出水水质：评价达标情况。

（4）污染物去除率：要求对进水也进行检测，COD含量60%、NH_3-N含量50%、TP含量50%，用于评价设施达标率。设施达标率是指污染物去除大于设定的污染物去除率的设施数量占设施总数的比率。

（5）进水水质：COD含量不大于40mg/L，或COD含量不小于500mg/L时，查找原因，提交说明。

5. 检测结果评价应用

（1）检测结果评价可作为对治理设施运行情况的评价依据。

（2）检测结果评价可作为对第三方运维服务机构运维工作的考核依据。

（3）检测结果评价可作为对运维主管部门的工作成效和考核依据。

（4）检测结果评价可作为区域水环境质量改善的量化依据。

八、运行维护安全相关问题

（一）安全知识

1. 治理设施的供配电系统注意事项

（1）农村生活污水治理工程用电应与家庭用电分开，使用独立线路供电。

（2）设置栏杆防止非工程管理人员（特别是儿童）靠近。

（3）电缆线全部采用穿线管铺设，防止漏电事故发生。

（4）请专业人士布置、安装和布设。

（5）防止破坏接地系统。

2. 常用的安全警示标志

农村生活污水治理工程现场常用的安全警示标志有禁止标志（图8–1）和警告标志（图8–2）两类。

(*a*) 禁止吸烟　(*b*) 禁止合闸　(*c*) 禁止同行

图 8-1　常用禁止标志

(*a*) 注意安全　(*b*) 当心触电　(*c*) 当心坠落　(*d*) 当心滑跌

图 8-2　常用警告标志

3. 运维过程中的主要危险源

农村生活污水处理工程运维中主要的危险源有触电、高空坠落、人员落水、有毒有害气体中毒、易燃易爆气体爆炸、机械伤害、生物感染伤害和火灾等。

（1）触电。农村生活污水处理系统一般配备有水泵、风机等电气设备。如这些设备常年在室外潮湿、腐蚀环境下运行，绝缘层易老化或遭受机械损伤，人触碰时易发生触电事故，造成人员伤害。为预防触电事故发生，应当定期检测电气设备，及时更换老化电缆。

（2）高空坠落。污水处理工程检修和维护需要下到较深的池底时，要特别注意防坠落伤害。所用到的梯子、平台等均应安装符合国家劳动安全保护规定的安全护栏。

（3）人员落水。在防护设施不到位或工作人员违规操作时有可能发生人员落水甚至溺亡事故，特别是雨天及冰雪季节地滑容易导致水池落水事故。

（4）有毒有害气体中毒。此类事故主要发生在进行池下或井下维护作业时。防范此类事故的主要措施是在下池、下井前，做好安全交底，池底、井底强制通风，采用专用仪器连续检测有毒有害气体浓度，安全条件具备后方可下池、下井。必要时，将活体小动物如鸡、狗放入池内或井中测试有毒有害气体无误后才能下池、下井。进池操作时，池外必须有人进行安全防护，防止意外发生。

（5）易燃易爆气体爆炸。污水处理工程中易燃易爆气体主要是甲烷。长期封闭的窨井内厌氧微生物分解井内底泥中有机物产生甲烷。甲烷是爆炸性气体，累积至一定浓度遇明火会发生燃烧爆炸。因此，应特别查看厌氧池、窨井等，禁止明火，防止儿童嬉戏扔爆竹、鞭炮等火种。

（6）机械伤害。污水处理工程中常用的泵、风机等的外露运动部件安全防护装置丢失或失效、违章带电检修等，均可造成机械伤害。防范机械伤害的措施有在设备的外露可动部件设置必要的防护网、罩，在有危险的场所设置相应的安全标志警示牌及照明设施，加强机械操作人员安全培训教育，禁止违章操作。

（7）生物感染伤害。在格栅、初沉池、二沉池等构筑物产生的污泥富集了大量病原菌、有机污染物等有害物质，对人类健康存在潜在威胁。另外，生活污水生物处理过程中的活性污泥微生物种类繁多，粘在皮肤上容易引发皮肤病。预防生物伤害的主要措施是尽量避免污泥直接接触皮肤。污泥意外喷溅在人身上时，注意及时清洗。污泥应按规定堆放、暂存，不得随地乱堆、随意弃置。

（8）火灾。污水处理工程火灾事故通常是电气设备短路、电缆老化等因素造成的。防范火灾的措施是定期检查电气设备、电缆是否老化，及时更换存在问题的部件。

（二）安全措施

1. 机械操作中的安全措施

（1）严格按操作规程对运转中的接卸设备进行维护保养。

（2）动手进行设备检修时原则上要关机。特别是对远程操作的机械设备进行检修时，为防止因误操作而使机器突然启动，在开始检修时，要切断主电路，将闸销锁定，并标注“检修中”字样，然后再开始作业。

（3）在修理机械设备时，有时需要将设备拆卸，因设备拆卸在地面产生较大孔洞时，应随时加盖盖板进行封闭。

（4）在狭长场所进行设备检修时，即使无旋转设备也存在危险，也应采取人员防护措施。

2. 电气操作过程中的安全措施

（1）防触电

触电原因有以下两种：充电部分裸露或绝缘表面受损而造成的设备缺陷；使用绝缘保护器具时不注意或不小心碰到接线部分等不正确的操作方法。因此为防止触电事故发生，需要做到：

①严格按规定对电气设备进行充分的维护保养。

②严格遵守电气设备的安全操作规程。

③在贮水较多场所要特别注意防触电，例如不穿皮革制成的安全靴、不用皮革手套，而用橡胶制成的雨靴或运动鞋和手套。

④使用临时污水泵或照明装置时，必须设置漏电保护装置。

（2）配电室管理

在配电室特别是高压配电室内，要禁止非操作人员进入，同时要建立危险标志。对配电室的管理按如下要点进行：

①室内要保持整齐清洁。

②室内要具有防止老鼠等小动物侵入的措施。

③电气设备以及裸线附近不得放置可燃物，同时在必要场所要适当设置消防器材，以供发生火灾时迅速使用。

④当雷鸣闪电时不要接近设备、管线及防雷器。

⑤发生漏雨等问题时要迅速修理。

⑥停电时备用的手电筒要保管在规定位置，以备随时可用。

（3）停电作业

对设备及线路进行检修时，应该将电路切断后再进行作业。考虑到由于联络不够充分可能酿成事故，应关闭配电盘并标出“禁止合闸”字样，同时还要设置专门人员对电源的启闭进行严格管理。另外，考虑到可能会由于忘记切断电源而造成触电事故，在进行作业前要用试电笔检验是否有电。此外考虑到由于临近电路混接可能发生触电，因此必须接地后再进行作业。

（4）信号表示

各种警报装置，必须始终处于良好工作状态，否则发生异常时无法起作用。为此平时要注意检查。

（5）其他

对于不经常使用的照明装置，为确保安全和停电时能应急使用，在平时对电源要加强管理。

3. 对缺氧与中毒等危险的防止措施

为防止事故发生应采取以下措施：

（1）注意对测定仪器、通风装置等仪器及设备进行检查。

（2）经常检测工作环境、集水池等硫化氢浓度，下池、下井时应连续监测池内、井内硫化氢浓度。

（3）在作业场所要保持氧气浓度在18%以上，硫化氢浓度在10ppm以下，必要时应进行通风。如因存在爆炸危险而不能通风时，要使用适当的呼吸保护器具。

（4）即使在可以不用呼吸保护器具的场所，也要在作业时安置带警报器的测定装置，从而能及时感知异常情况。

（5）当存在由于缺氧而坠落的危险时，要使用安全带。

（6）为了防止作业当事人以外的人员进入可能发生缺氧的危险场所，要在醒目处做好标记。

（7）在缺氧危险场所从事作业的人员必须接受特别教育。

（8）在发生因缺氧危险而晕倒时，绝不能图快而不佩戴保护用具进行救助，否则只会造成更大的牺牲。

（9）下池、下井属危险作业，应建立下池、下井操作制度，应预先填写下池、下井作业单，经批准后方可执行。

4. 做好防火防爆的管理

（1）经常定期或不定期地进行安全检查，及时发现并消除安全隐患。

（2）配备专用有效的消防器材、安全保险装置和设施，专人负责，确保其时刻处于良好状态。

（3）消除火源：易燃易爆区域严禁吸烟；易产生电气火花、静电火花、雷击火花、摩擦和撞击火花处应视工作区域采取相应防护措施。

5. 应对大风、雨雪、降温等恶劣天气

（1）暴雨、洪水、雷雨、大风等恶劣天气

遇暴雨、洪水、雷雨、大风等可能出现较大灾害时要及时掌握情况，研究对策，指挥防汛抗灾抢险工作，尽可能地减少灾害损失，并做好信息报送和处理工作，及时汇总情况，向上级和有关部门报告。

①调整汛期的工艺运行方案，适时有效地发布预警信息。

②巡检人员在汛期加强各进出泵、反应池进出水闸门和变配电所等关键设备和部位的巡视和监控，做好设备运转状况记录；同时做好生产运行关键设备的检查、维护保养工作。发现故障和其他异常情况及时报送上级部门。加强现场巡视，特别是构筑物，以防大风天气高空坠物。

③遇到突然降雨时将门窗关紧，防止雨水流入，影响设备运行。生产运行班组增加水泵台数，降低集水井水位，直到满负荷为止。外出巡视，必须两人一组，注意防滑。巡视组抢修队员，车辆要做到随叫随到，严阵以待，以处置突发事故的发生。

（2）冰冻、降雪等恶劣天气

①注意各水管的防冻处理，对裸露在外的管路包裹好保温材料。

②在冬季生化池、沉淀池出现全部封冻时及时进行破冰，保持不封冻水面。

③当构筑物中水面有浮泥时，应勤于观察，防止冻结后影响浮球正常工作。

6. 做好防雷击工作

雷雨天气防雷击应注意以下几点：

（1）应留在室内，并关好门窗，在室外工作的人员应躲入建筑物内。

（2）不宜使用无防雷措施或防雷措施不足的电器，不宜使用水龙头。

（3）避免接触水管、铁丝网、金属门窗、建筑物外墙，远离电线等带电设备或其他类似金属装置。

（4）避免使用电话和无线电话。

（5）在户外工作的人员应离开水面以及其他空旷场地，寻找有防雷设施的地方躲避。

（6）切勿站立于山顶、楼顶或其他凸出物体上，切勿靠近导电性高的物体。

（三）应急措施

为贯彻“安全第一，预防为主”的安全生产方针，确保单位、社会及人民生命财产的安全，预防重大环保事故的发生。对污水处理系统可能发生的异常情况应积极防范；在突发性污染事故发生后，迅速、高效、有序地开展污染事故的应急处理工作，最大限度地避免和控制污染的扩大；确定潜在的事故、事件或紧急情况，确保经过处理的污水中的污染物浓度符合《城镇污水处理厂污染物排放标准》GB 18918—2002一级B排放标准，并能在事故发生后迅速有效控制处理。根据污水处理系统工艺特点，预测各种可能发生的突发事故和拟采取的事故防治措施如下。

1. 应急处理的原则

（1）及时控制进入污水处理厂的严重超标水质、超负荷水量对污水处理系统的影响。

（2）加强运行控制，保证运行正常。

（3）加强设备运行维护。

2. 突然停电应急预案

（1）供电系统

太阳能微动力污水处理系统采用太阳能光伏板发电，系统包含蓄电池系统，即使阴雨天气也能保证5 ~ 6d的用电量，采用全微电脑自动控制，无须人为管理操作。

当由于太阳能光伏发电系统故障，或者长期连续阴雨天气，导致发电量严重不足，蓄电系统电量耗尽，SBR系统无法正常运行。SBR系统好氧微生物会因为缺少氧气而死亡，这对污水处理系统的危害相当严重，甚至必须停车重新启动，这将需要花费长则一个多月的时间，将造成污水直接排放。

（2）突然停电应急措施

①增设市电供应系统作为备用电源，安装自动切换装置，保证在太阳能供电不足或电路故障的情况下市政电力自动介入，维持活性污泥中微生物正常生存，保证出水水质稳定达标。

②配备应急发电机，发电机功率必须满足系统设备要求。太阳能光优和蓄电池系统电量不足时，巡查人员应当立即向负责人报告，尽可能短时间内启用应急发电机，保证SBR系统正常运行。

3. 进、出水水质超标应急预案

（1）进水水质超标

SBR工艺对进水水量、水质具有较强的耐冲击性。但是进水水量、水质严重超过设计标准，通过调整工艺参数很难使出水达标。此时维护人员及时到现场查看，增加对进水水量、水质检测频次，确定超标项目、超标程度及变化趋势，根据不同的超标项目采取不同的应对措施。

①化学需氧量超标

调整曝气方式，由限制曝气方式（进水时不曝气）改用非限制曝气方式（进水时同时曝气），可有效缓解高浓度有机废水冲击。

利用人工湿地出水稀释进水，将进水COD降低到SBR系统可承受范围内。同时注意进水氨氮的浓度变化，如果太低应当同时冲入高氨氮废水补充氨源，确保BOD ∶ N ∶ P=100 ∶ 5 ∶ 1。

②氨氮超标

氨氮对水体有害，使其富营养化，产生绿藻，与水体中的微生物争夺氧气。可通过延长闲置阶段时间，使污泥处于反硝化阶段，氨氮在缺氧条件下转化为氮气释放。

利用人工湿地出水稀释进水，将进水氨氮降低到设计负荷范围内，同时关注进水BOD_5的浓度变化，如果BOD_5浓度太低应当添加人工碳源，或者加入高COD浓度废水，提供碳源，确保BOD ∶ N ∶ P=100 ∶ 5 ∶ 1。

③总磷浓度超标

首先必须在进水搅拌阶段控制严格的厌氧环境。这直接关系到聚磷菌的生长状况、释磷能力及利用有机基质合成PHB的能力。其次是必须在曝气阶段提供充足的溶解氧。以满足聚磷菌对储存的PHB进行降解，释放足够的能量供其过量摄磷之用，以便有效地吸收废水中的磷。

SBR运行过程中加大DO监测频次，随时调整曝气时间和曝气量，一般进水搅拌阶段的DO要严格控制在0.2mg/L以下，曝气阶段的DO要控制在2mg/L以上。

④pH值大于9或者小于6

活性污泥系统能承受的pH值波动范围大约是6 ~ 9之间，过高或过低的pH值都会影响活性污泥中细菌代谢过程中酶的活性，从而使处理效果下降。pH值低于6的时候，系统中的池面有酸味，处理效果下降，不利于细菌和原生动物的繁殖，却对霉菌极其有利，这样就会导致霉菌的大量繁殖，从而降低了活性污泥的吸附和混凝能力，使活性污泥结构松散，难以沉降，甚至会导致污泥丝状菌膨胀；pH值大于9时，出水浑浊，活性污泥有解体现象，原生动物出现死亡解体。

a. 当$pH > 9$时，可以用废酸调节原水的酸碱度，使其pH值保持在6 ~ 9之间。注意不可用含有氯离子的废酸。

b. 当$pH < 6$时，应当用石灰对进水pH值进行调节，使其在6 ~ 9之间。

c. 根据水质pH值具体情况，可以用碱性或酸性废水按一定比例混合，调节pH值基本呈中性。

（2）出水水质超标

化验室及时到现场采集出水水样，及时分析测试，确定超标项目和超标倍数，根据不同的超标项目采取不同的处理措施。

①化学需氧量超标

a. 对进水水质进行检测，如果进水COD过高，应当延长进水时间，减少进水量。

b. 延长曝气时间，增加曝气量。曝气时随时注意活性污泥形态，防止污泥解体和老

化。如果出现污泥解体和老化应当及时将曝气时间和曝气量恢复到原来值。

②氨氮超标

a. SBR池采用“闷曝”的方式，即停止进水、加药和灌水，只搅拌和曝气。

b. 出水水质严重超标，分析是由于进水氨氮浓度太高，可以采用在SBR池投加适量碱，减低氨氮浓度。

c. 适当延长曝气时间，增大排泥量。

d. 适当延长闲置阶段时间，增加SBR处于厌氧状态时间，使污泥充分进行反硝化，最大限度让硝酸盐经反硝化转化成氮气排放。

③总磷超标

a. 进水总磷浓度较高，可以用低磷废水进行稀释。

b. 检查污泥沉降比是否在20% ~ 30%合理区间内，污泥龄过长导致磷释放，应当及时排泥。

c. 通过调整运行参数等手段无法降低总磷浓度至标准范围内，可以采取化学除磷方法，即在出水中投加PAC，PAC的最佳投放量根据试验确定。

4. 火灾事故应急预案

污水处理工艺运行过程中引起火灾的危险源主要有两个：一是电气短路或过载导致的电气起火；二是冬季潜流式人工湿地中水生植物枯萎，由于人为或者天然因素引起的火灾。发生火灾应当第一时间报告领导，启动应急预案，安排人员在确保安全的情况下自救。因火势过大，无法及时扑灭，可能引发更大范围灾害时，应当及时拨打火警电话119报警，安排人员做好消防车引导和现场清理工作，确保消防人员及车辆顺利到达火灾现场开展扑救。因火灾烟雾中有大量的一氧化碳和其他有害气体，吸入后容易造成人员窒息死亡：若逃避不及，出现被火烧伤或烧死的危险。因此火灾发生须做好人员疏散，有受伤者应当及时拨打120急救电话，同时照顾好伤者，将其护送至医院。

（1）电器起火

电器起火首先切断电源，切断电源时应当注意以下事项：

①在自动空气开关或油断路器等主要开关没有断开前，不能随便操作隔离开关，因为隔离开关没有灭弧能力，一旦用隔离开关切断负荷电流，会产生强烈的电弧，易烧损设备出现人身伤亡事故。因此，不允许用隔离开关切断负载电流。

②用闸刀开关切断电源时，应戴好绝缘手套用绝缘操作杆或干燥的木棍操作。因为在扑救火灾时，受潮和烟熏的开关绝缘强度降低，如果用潮湿的手去操作，会造成触电事故。

③切断用磁力启动器控制的电气设备时，应使用按钮开关停止电气设备运行，然后在没有负荷电流的情况下，使用绝缘操作杆或干燥木根操作断开闸刀开关，以防带负荷操作产生电弧伤人。

④电容器和电缆在切断电源后，仍有残留电压，为防止残留电压伤人，仍不能直接接触或搬动电容器和电缆。灭火时要参照带电灭火要求进行扑救。

电源切断之后用现场的干粉灭火器或二氧化碳灭火器对起火电气设备进行灭火。切勿用水或泡沫灭火器灭火。

（2）人工湿地火灾

控制人工湿地火灾坚持预防为主，当秋冬季来临，及时安排人员收割枯萎水生植物，既可以防止火灾发生，又可以将固定后的氮、磷移除人工湿地。

湿地枯萎植物起火可以利用消防水泵抽取湿地出水作为水源灭火。灭火时，要沿火线逐段扑打，绝不可脱离火线去扑内线火，更不能跑到火烽前方进行阻拦或扑打，尤其是扑打草塘火和逆风火时，更要注意安全。

5. 触电突发事故应急预案

（1）自救

当自己触电时，如果神志清醒，首先要保持冷静，迅速设法摆脱电源。如跨步电压触电，应立即单脚跳出危险区域，另外，还要防止摔伤、撞伤等二次事故。

（2）互救

发现有人触电时，应迅速使人脱离电源，一般可以采用如下方法：

①如果电源的闸刀开关就在附近，应迅速切断电源。

②如果闸刀开关等不在附近则应迅速用绝缘良好的电工钳或有干燥木把的利器（如刀、斧等）把电线砍断。

③若现场附近无任何合适的绝缘物可利用，而触电者的衣服又是干的，这时抢救人员可用干燥毛巾、衣服包在手上去拉触电者的衣服，使其脱离电源。

（3）立即就地诊断

①当触电者脱离电源后，应立即就地进行诊断。由于建筑工地条件复杂，往往医生不能及时赶到现场，因此有必要使每个工作人员都具有一定的急救常识，以免贻误时机。触电者脱离电源后一般有以下几种情况：

a. 触电者的伤势不重，神志清醒，但心慌、四肢发麻、全身无力；或者触电过程中曾经有过一时昏迷，但已清醒过来，应使触电者在通风场所平卧安静休息，不要走动，派专人监护，闲杂人员应离去不得围观，同时应请医生来，对触电者血压、呼吸、心率等方面进行检查，或将触电者抬往医院检查治疗。

b. 触电者的伤势较重，已经昏迷失去知觉，但心跳和呼吸暂时还正常，这时应将触电者平卧，四周空气流通，衣服适当解开以利呼吸，如天冷要注意保温，并应速请医生来诊治或送到医院抢救，同时对其心跳和呼吸要加强观察，并做好准备，一旦其心脏停止跳动或停止呼吸，立即做近一步抢救。

c. 触电者伤势严重，已处于“假死”状态，即人已经昏迷，心脏停止跳动或呼吸停止，或心跳、呼吸全部停止。以上情况一旦出现，除应呼救外，应分秒必争，针对上述情况正确地施以不同的抢救方式。

②对于触电后出现假死的人，应立即在现场采用人工呼吸的方法帮助其建立血液循环和呼吸，以此来恢复对全身各器官的氧供应，尽快地使其能自主地恢复心跳和呼吸。往往抢救工作需要很长时间，抢救者应充满信心，动作准确、果断有力有节奏，抢救工作要连续不断，在送往医院的途中也不能中止急救。现场急救方法主要由对口（鼻）人工呼吸法和胸外心脏按压两部分组成。

a. 对口（鼻）人工呼吸法：

使触电者仰卧，并使其头部充分后仰（可用一只手托在其颈后），使鼻孔朝上，张开其嘴，迅速取出触电者口腔内妨碍呼吸的食物等杂物，使呼吸道畅通。同时解开衣领，松开紧身衣物，排除影响胸部自然扩张的障碍。

用一只手紧捏其鼻子，救护人员深吸一口气后包住触电者的口向内吹气，然后立即离开，同时松开捏鼻孔的手。吹气力量要适中，次数以每分钟16 ~ 18次为宜

b. 胸外心脏按压法：

将伤者仰卧在地上或硬板床上，救护人员跪或站于伤者一侧，面对伤者，将右手掌置于伤者胸骨下段，左手置于右手之上，以上身的重量用力把胸骨下段向后压向脊柱，以能使胸骨向下移动三四厘米即可，随后将手腕放松，每分钟挤压60 ~ 80次。在进行胸外心脏按压时，宜将伤者头放低以利静脉血回流。若伤者同时伴有呼吸停止，在进行胸外心脏按压时，还应进行人工呼吸。一般做四次胸外心脏按压，做一次人工呼吸。

6. 设备故障应急预案

操作人员应严格按照操作规程进行操作，防止因检查不周或工作失误造成的设备损坏。污水管理人员定期对污水处理设备进行巡查，发现小故障及时排除，出现大故障及时上报。污水泵要经常进行检查，保持良好工作状态。管道阀门要经常维修保养，发现隐患要及时排除。

污水处理设备一旦发生故障，应立即停止使用，并及时向领导汇报，安排技术人员对发生故障的设备进行抢修或更换。

7. 生产运行异常事故应急预案

（1）进水量不足

①进水量少量不足

进水量少量不足时可以适当调整运行参数，如降低进水速度，减小曝气量，适当延长闲置期时间。

②进水量严重不足

当进水量严重不足时，甚至间歇性停运，主要影响有营养缺失、水力负荷降低、水温下降及恢复供水后的负荷冲击，应当采取以下措施：

a. 投加生物抑制剂，强化营养和污泥降解功能。生物强化制剂中甲醇、尿素、磷酸氢二氨等营养成分的加入保证了水量减少期间生化池的营养能够维持活性污泥中微生物各项生理活动的正常进行；同时生物制剂中的功能菌使活性污泥降解功能在不利条件下得到了稳定和强化。

b. 减小曝气强度，减缓水温下降和抑制污泥降解。曝气强度的减小有效减缓了水温下降，使水量减少期间水温维持在10℃以上。同时也在一定程度上抑制了污泥的降解，减少了营养的消耗，改善污水处理设施的运行工况。

c. 上述措施只是尽可能地延长活性污泥活性，但是并不是根本解决办法，应当尽快恢复进水，进水水质保持在设计负荷范围内。

（2）水量超过设计负荷

在污水处理设施运行过程中由于自然和人为因素，导致进水量在短时间内出现急剧增大的情况，必然会对系统造成冲击。由于SBR具有较强的抗冲击能力，应当及时调整运行参数保证正常运行。

a. 调整污水处理设施运行参数，保证其在尽可能高的符合条件下运行，确保系统发

挥最大效率。

b. 将多余水量排入事故应急池，后续陆续处理，禁止将未处理的高浓度废水直接排入自然水体。

c. 增加对进、出水水质的监测频次，随时关注水质变化，出现超标要及时采取措施，防止超标排放。

（3）污泥膨胀

SBR工艺在空间上是完全混合式，在时间上是推流式反应器，存在着很高的基质浓度梯度，能有效抑制丝状菌的生长繁殖，被认为是最不易发生污泥膨胀的活性污泥工艺。

但任何活性污泥工艺在污水水质、水量变化时，都可能由于缺乏营养、低pH值、低溶解氧、负荷过低或在一定的高负荷范围内等有利于丝状菌繁殖的条件出现而发生污泥膨胀。

因此，在SBR系统的设计和运行管理中，应同样重视污泥膨胀的问题。控制污泥膨胀的措施包括：

①设计采用“生物选择器”，让进水首先与回流污泥进行短时间的混合（5 ~ 15min），利用菌胶团增殖速率及生物吸附能力上的优势，抑制丝状菌的生长。该方法既能有效控制污泥膨胀，又能通过调整选择器的水力停留时间实现SBR工艺脱氮除磷的功能。

②在出现污泥膨胀趋势或膨胀还没对系统运行造成明显影响时，可考虑通过调整运行条件抑制膨胀。如增大排泥量、快速进水、根据DO调整不同时段的曝气量（分级曝气）等。

③如果要求在短时间内改善或解决污泥膨胀问题，可考虑投加阳离子絮凝剂。投药量应根据烧杯试验得到的污泥浓度、投药量和SVI的关系曲线，结合实际运行情况确定。一般情况下，在中、低污泥浓度时，投量随污泥浓度的增大而增加。

④加氯法成本低、见效快，但不恰当的投药量可能造成出水SS大幅度上升，对系统运行影响大。投氯量应考虑SBR工艺的特点根据实验确定，不能简单套用连续流工艺的经验值或公式。沉淀、排水和闲置阶段不投药，一般采用反应池直接投氯的方式。而不是在调节池加药，以免氯损失和投加量太小而影响抑制膨胀的效果。

（4）污泥解体

污泥解体是在用活性污泥法进行污水处理中出现的水质浑浊，污泥絮凝体微细化，处理效果变坏的现象。从技术层面看，造成污泥解体可能有以下几种不同的情况：

①SBR池污泥浓度过高，排泥量又跟不上，而使污泥泥龄延长，活性污泥老化。这种情况应当及时排泥，SBR池排泥量的大小，主要参考其污泥沉降比SV_{30}的高低。即使SV_{30}在30% ~ 40%的指标范围之内，也应至少每天排泥3 ~ 5min，以提高污泥活性，促进新陈代谢。当$SV_{30} \geqslant 40\%$时，每天排泥5 ~ 10min；SV_{30}每上升10%，排泥时间增加10min。当然，每天少量多次排泥的效果更好，例如每天均在1个运行周期排泥10min，可改在4个运行周期各排泥2.5min。

②存在过度曝气现象，使活性污泥生物——营养的平衡遭到破坏，使微生物量减少而失去活性，吸附能力降低，絮凝体缩小质密，从而使活性污泥解体和自氧化。根据具体情况调整曝气时间或曝气量，同时时刻监测出水指标，防止NH_3-N超标。

③污水中存在有毒物质时，微生物受到抑制或伤害，净化能力下降或完全停止，从而

使污泥失去活性。一般可通过显微镜观察来判别产生的原因。针对具体原因采取不同的处理措施。如进水氨氮浓度过高可采用稀释进水浓度、投加药剂等措施消除有毒物质。

（5）污泥脱氮效果差

①进水氨氮负荷增加

由于人为或者事故导致大量高氨氮废水通过污水管道进入污水处理设施，导致进水氨氮负荷短时间严重超过SBR承载能力，导致出水超标。通过对进水水质的监测发现其中氨氮浓度急剧升高，应当及时采取应急措施，减少污水进入量，并用低氨氮水对进水进行稀释，使其浓度达到设计标准。将多余废水排入事故应急池，后续慢慢处理。同时要对进、出水开展加密监测，防止污染负荷突然增大，对处理系统造成冲击，超标出水要回流到调节池，防止超标污水排放。

在减少进水量的过程中要时刻监测COD浓度，若COD浓度过低，可能导致系统中碳源不足，此时要人为增加碳源，确保微生物正常新陈代谢。

②工艺参数调整

SBR具有良好的脱氮除磷效果，脱氮效果差很大程度是由于SBR运行曝气时间设置不合理。

a. SBR池出水氨氮含量刚刚超标时，最有效的调整方式就是延长曝气时间、增加曝气量。依据超标幅度和控制程度，有针对性地延长曝气时间，或逐步调整，每天延长10 ~ 30min；或一次性调整到位。当调整效果不佳时，应最大限度地打开鼓风机蝶阀，使其工作电流达到额定值。

b. 在污泥浓度、沉降比等正常的情况下，若氨氮含量超标的现象遏制不住，则应采取“闷曝”的方式，以促进氨氮的降解。通常，闷曝就是SBR池停止进水1个周期，连续6h进行曝气，即可大幅降低污水中的氨氮含量。

c. SBR池污泥浓度大幅上升而有机污泥浓度不变或下降时，应立即缩短曝气时间，恢复至设定值，以防过度曝气而导致活性污泥解体和老化。

（6）人工湿地异常

冬季人工湿地运行不正常：

人工湿地受气候温度条件影响较大，随季节的变化，人工湿地对污染物的去除效果也随之变化。人工湿地中的植物和微生物对温度尤为敏感，如果植物和微生物在湿地中的生长受到影响，将直接影响人工湿地的处理效果。大量研究表明，水温低于10℃时人工湿地的处理效率会明显下降，且有学者认为，在4℃以下时湿地中的硝化作用趋于停止。同时，在较低温度和氧含量的情况下，微生物活性也会降低，使微生物对有机物的分解能力下降。聂志刚等研究了季节变化对人工湿地处理效果的影响结果发现，各人工湿地随季节的变化去除率排序为夏季>秋季>春季>冬季，氨态氮、高锰酸盐指数变化较大，冬季去除率下降尤为明显。在各季低温条件下，不仅对人工湿地的去除效果产生影响，同时还存在人工湿地处理工艺脱氮效率低、基质易堵塞、床体缺氧等问题。

①添加覆盖层

覆盖物在整个湿地保温中起到隔离作用，有效的隔离可以提高湿地的污水处理效率。好的覆盖材料应具有以下特性：能完全分解而不影响系统正常运行；pH为中性；结构松，纤维含量高，隔热性好；易使种子在覆盖物上生长；有较好的湿气涵养能力。目前对于覆盖层有植物覆盖、地膜覆盖等，各种覆盖方法都有它们的优缺点。

a. 植物覆盖

植物覆盖材料包括直接将实地表面枯萎植物收割进行实地均匀覆盖，也可以选择其他的植物，如稻草、麦秆、碳化后的芦苇屑等。植物覆盖操作较为简单，但植物腐烂会释放出一定量的污染物，有可能造成二次污染，因此必须在第二年开春前将覆盖植物清除。此外，植物的枯叶会随风飘扬，可能会影响周围的卫生环境。

b. 地膜覆盖

地膜覆盖是根据农业种植中的地膜技术发展来的，将其用作湿地的保温措施。通过在人工湿地的植物表面覆盖多层PVC透气薄膜，有效提高湿地内温度，防止结冰并减缓植物休眠，提高了湿地的脱氮效果。膜覆盖法其覆盖膜易破、铺设操作较为复杂、投资较高，且来年必须清理并妥善处理，否则会造成白色污染。

②湿地堵塞

a. 加强对污水的预处理

预处理可以降低湿地进水中的悬浮物和有机负荷，有效预防人工湿地堵塞的发生。常见的预处理工艺有格栅、厌氧沉淀、混凝沉淀等。加强污水的预处理主要是为了去除污水中的悬浮物质，以减少悬浮物对系统造成的堵塞。

b. 选择合适的运行方式

人工湿地的间歇运行和适当的湿地干化期，会使基质得到休息，保证基质一定的好氧状态，避免胞外聚合物的过度积累，从而防止基质堵塞。采用间歇投配污水（即落干和投配交替运行）会使土壤得到“休息”，保证土壤一定的好氧状态，避免胞外聚合物的过度积累，防止土壤堵塞。

c. 大量的研究表明人工湿地中有机物的积累主要发生在表层，而人工湿地的堵塞也主要发生在湿地表层0 ~ 15cm处。因此对于堵塞严重的人工湿地更换湿地表层填料可以改善湿地表层的堵塞，保持人工湿地的稳定运行，但是该方法对大规模的湿地而言工程量较大，更换困难，更换的时候人工湿地需要停床并且更换所花时间长，湿地系统及植物也需要很长时间才能适应，因此在采用该方法时要综合考虑以上有可能带来的问题。

d. 投加蚯蚓

通过向已经堵塞的人工湿地中投加合适的蚯蚓可以改善湿地堵塞情况，延长其使用寿命，同时在冬季植物收割后，土壤动物可以起到清扫植物碎屑的作用。采用投加蚯蚓的方法费用低廉，施工维护简单，符合农村社会经济条件，符合生态化处理特点。

（7）生化池泡沫问题

菌种培养初期，由于水体里的丝状菌的一种——诺卡式菌大量繁殖，在池面上会形成大量漂浮状的白色泡沫。泡沫主要分化学泡沫和生物泡沫两种。常见解决办法有：

1）喷洒水

这是一种最常用的物理方法。通过喷洒水流或水珠以打碎浮在水面的气泡来减少泡沫。打散的污泥颗粒部分重新恢复沉降性能，但丝状细菌仍然存在于混合液中，所以，不能根本消除泡沫现象。

2）投加消泡剂

可以采用具有强氧化性的杀菌剂，如氮、臭氧和过氧化物等。还有利用聚乙二醇、硅酮生产的市售药剂，以及氯化铁和钢材酸洗液的混合药剂等。药剂的作用仅仅能降低泡沫的增长，却不能消除泡沫的形成。而广泛应用的杀菌剂普遍存在副作用，因为过量或投加位置不当，会大量降低反应池中絮成菌的数量及生物总量。

3）降低污泥龄

一般采用降低曝气池中污泥的停留时间，以抑制有较长生长期的放线菌的生长。有实践证明，当污泥停留时间在5 ~ 6d时，能有效控制诺卡氏菌属的生长，以避免由其产生的泡沫问题。但降低污泥龄也应当视具体情况而定。当需要硝化时，则污泥停留时间在寒冷季节至少需要6d，这与采用此法矛盾。另外，微丝菌和一些丝状菌不受污泥龄变化的影响。

4）投加特别微生物

有研究提出，一部分特殊菌种可以消除诺卡氏菌的活力，其中包括原生动物肾形虫等。另外，增加捕食性和拮抗性的微生物，对部分泡沫细菌有控制作用。

5）选择器

选择器是通过创造各种反应环境（氧、有机负荷或污泥浓度等），以选择优先生长的微生物，淘汰其他微生物。有研究报道：好氧选择器能一定程度地控制微丝菌，但对诺卡氏菌属无大影响；而缺氧选择器对诺卡氏菌属有控制作用，却对微丝菌无作用。泡沫问题产生原因很多，要视具体情况进行根本性的解决。

8. 暴雨和洪涝应急预案

为应对可能发生暴雨和洪涝等自然灾害，确保农村污水处理设施的正常运行，保障公司财产和人员的安全，要做到：

（1）暴雨季节到来前，抢修人员应对所有抢修设备进行检修保养，使其处于良好的备用状态。

（2）暴雨到来前，设备的运行管理部门应安排人员对污水处理设施进行检查，确定其处于良好状态，并有检查记录可查。

（3）应通过气象台预报及时了解天气变化的趋势，按照上级的要求及时落实好防汛的措施。

（4）暴雨到来前，值班人员严禁在污水处理建筑物上行走。

（5）暴雨后，化验室的人员应增加对进、出水水质检测的频率，时刻监控水质变化情况。

（6）暴雨造成电力中断工艺不能正常运行时，巡查人员应立即报告有关领导，并且坚守在岗位上，听候领导的指示。

（7）暴雨造成财产损失和人员伤亡事故时，巡查人员应立即报告有关领导，并在力所能及的范围内进行有关抢救工作。

九、农村污水处理实例

（一）浙江某村污水处理实例

1. 项目基本概况

浙江某村，有住户308户，人口740人，村内道路硬化程度高。为贯彻省委省政府“五水共治”的要求，对该村开展污水收集治理工作，以保护绿水青山优美的自然生态环境，提升区域人居环境。

2. 污水水量、水质及处理程度

（1）污水处理量

设计处理水量表，见表9–1所列。

设计处理水量表 **表 9-1**

序号	站点	纳管户数（户）	人数（人）	污水处理量（m^3/d）
1	污水处理站1	113	250	15
2	污水处理站2	195	490	30

（2）进水水质（表9–2）

进水水质（单位：mg/L） **表 9-2**

pH①	COD_{cr}	BOD_5	SS	NH_3–N	总磷
6 ~ 9	300	150	200	25	3

注：①无量纲。

（3）处理程度

农村污水处理后可用于土地排放、农田灌溉或是排入水体。不同的排水去向执行不同的排放标准，不同的水质标准有不同的工艺技术路线和设计参数，农村污水处理的技术路线和排放标准制定都需要因地制宜，以避免投资浪费或达不到应有的环境保护效果。

经过对排放标准和所对应的技术路线进行综合分析，最终确保本项目出水执行《城镇污水处理厂污染物排放标准》GB 18918—2002中一级B排放标准，详见表9–3。

出水水质排放标准（单位：mg/L）　　表 9-3

pH①	COD_{cr}	BOD_5	SS	NH_3-N	总磷
6 ~ 9	60	≤20	≤20	≤8	≤1.0

注：①无量纲。

3. 污水处理工艺流程

（1）工艺流程图

工艺流程图，详见图9-1。

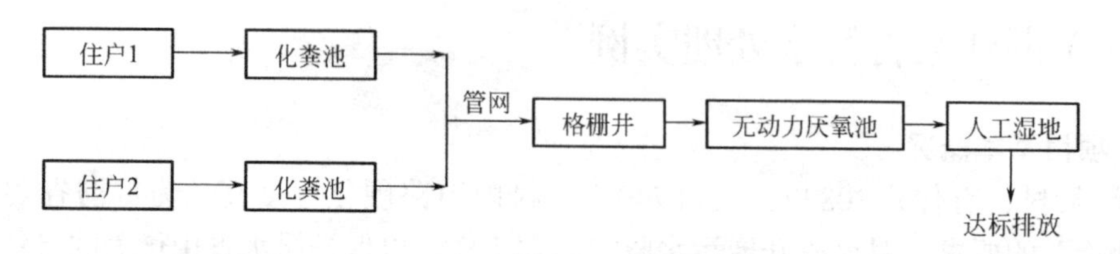

图 9-1　工艺流程图

（2）工艺流程说明

①管网收集后的生活污水自流（或提升）进入污水处理站，通过前段设置格栅将污水中的杂物及大颗粒的固形物分离，防止进入后续污水处理工艺池，堵塞填料和管路。

②去除大颗粒固体杂质后的污水进入设备后续二级生化处理段，通过微生物作用（厌氧+缺氧）降解污水中的有机污染物。

③生化出水自流进入人工湿地，利用土壤、人工介质、植物、微生物的物理、化学、生物三重协同作用，对污水进行深度处理（主要去除氮、磷），确保污水稳定达标排放。

④经过处理的水自流入附近的水体中。

⑤污水处理设施产生少量的剩余污泥，定期（2 ~ 3年）进行清掏，可采用人工方式或用小泵抽出，堆肥后可利用。

（3）化粪池

①农户以前未建化粪池，建议新建多户共用大容量化粪池。

②村内公厕化粪池以及户外小型化粪池，要做防渗处理，并便于清掏。

③传统钢混凝土化粪池由于池体较重、施工不便、防腐蚀性较差、使用年限较短、易渗漏等原因已逐步被淘汰。玻璃钢预制式化粪池不渗漏，防止二次污染，施工快捷，安装方便，耐腐蚀，使用寿命长，且产品多样，灵活选择。因此，本次设计推荐采用预制玻璃钢三格式化粪池。

④采用预制玻璃钢三格式化粪池。玻璃钢预制式化粪池施工时，要安装在坚实、均匀的基础上，就位后要及时回填，回填前罐体内要灌满水，以防移位。

（4）格栅

用于去除水中较大固体垃圾，防止其堵塞，保护后续构筑物和设备。因农村污水规模较小、埋深较浅等因素，本设计选用人工格栅，定期由人工清理。

（5）无动力厌氧池

设计选用IBS智能农村污水处理一体化设备。一体化无动力厌氧处理设备的原理是利用厌氧及缺氧微生物去除水中的有机污染物，该设备主要包含以下功能分区：厌氧消化池、厌氧接触池、沉淀区，总停留时间为48h，其中的厌氧池中安装有作为生物载体的弹性或组合填料。采用不消耗动力的方式去除水中的有机污染物，对农村污水处理具有重要意义。

（6）人工湿地

本方案采用人工湿地处理，主要采用三种植物，分别是：西伯利亚鸢尾、旱伞草、美人蕉。

4. 污水处理站运营期对环境的影响及防治

（1）水：污水处理站和污水收集管网建设完成后会对本区域的水环境质量的改善起到重要的作用。

（2）气：由于农村污水的浓度较低、水量较小，处理站产生的废气量微乎其微，由于处理站位于村庄的下风向，少量的废气可迅速扩散，不会影响周围空气质量。

（3）噪声：本处理站没有采用任何动力，故本项目不存在噪声污染问题。

（4）固体废弃物：本项目产生的污泥量极少，少量的剩余污泥1 ~ 2年清理一次，清理后可作为农肥，做到资源的有效利用。

考虑到即使采用了上述措施，施工期间一次暴雨造成的水土流失也会相当大，因此各个施工队必须随时配备一定数量的防护物，在暴雨未来之前将易受侵蚀的裸露地面覆盖起来，以减少雨水直接冲刷，从而降低水土流失量。

5. 人工湿地日常管理及维护

人工湿地植物的管理及日常维护，需要注意以下几个方面：

（1）植物栽种初期的管理。人工湿地植物栽种初期的管理主要是保证其成活率，湿地植物栽种最好在春季，植物容易成活。如果不是在春季，冬季应做好防冻措施，夏季应做好遮阳防晒。总之要根据实际情况采取措施确保栽种的植物能成活。

（2）控水。植物栽种初期为了使植物的根扎得比较深，需要通过控制湿地的水位，促使植物根茎向下生长。

（3）及时收割植物。人工湿地植物一般生长较快，在其生长茂盛、成熟后应对植物进行及时收割，并处理和利用。一般的植物收割时间为上半年的3 ~ 5月份和下半年的9 ~ 11月份。

（4）做好日常护理。防止湿地内其他杂草滋生，及时除草、清除植物的枯枝落叶，以防止腐烂等污染。

6. 效益评价

（1）环境效益

环境效益是工程实施后的直接效益，主要有以下几个方面：

①本工程对缓解地表水和地下水水质污染有积极作用。

②本工程建成后将对改善环境，提高村民生活质量起着十分重要的作用。

（2）社会效益

有效处理农村生活污水，对新农村的建设起推动作用，同时也是美丽乡村计划的重要环节，可以大力提升社会主义新农村形象。

（3）经济效益

本污水处理工程经济效益主要是在改善水环境，避免因水污染造成经济上的损失，且水污染对村民的健康是个严重的威胁。本工程对于用水安全有着重要的作用。其间接经济效益得以体现。

（二）广东某村污水处理实例

1. 项目概况

广东某村地处亚热带，属亚热带季风气候，年平均气温22℃，人口约1000人。居住人口密集，生活污水直接排入水体，导致水环境状况日益恶劣，已对该村的发展带来不利影响。

2. 污水排放特征

该村的生活污水水量小（约150m^3/d），水量有一定的波动性，但波动范围不大，水质较稳定，污染物浓度不高，不含有毒金属和挥发性有机物，以有机性污染为主，氨氮和总磷浓度不高（BOD/COD=0.37＞0.3），根据水质指标评价法，说明该村污水可生物降解性较好。污水处理前平均水质见表9-4所列。

污水处理前平均水质（单位：mg·L^{-1}）　　表9-4

项目	化学需氧量（COD_{cr}）	五日生化需氧量（BOD_5）	悬浮物（SS）	氨氮（以N计）	总磷（以P计）
原水水质	205	75	125	30.6	1.52

污染物的测定方法：化学需氧量（COD_{cr}）的测定方法采用《水和废水监测分析方法》（第四版）中的快速密闭催化消解法，仪器为WMX-Ⅲ-A型微波消解仪；五日生化需氧量（BOD_5）的测定方法采用稀释与接种法（《水质 五日生化需氧量（BOD_5）的测定 稀释与接种法》HJ 505—2009），仪器为LRH-250A型生化培养箱；悬浮物（SS）测定依照《水和废水监测分析方法》（第四版），仪器采用光学读数分析天平TG328A；氨氮的测定方法采用纳氏试剂分光光度法（《水质 氨氮的测定 纳氏试剂分光光度法》HJ 535—2009），仪器为722N型分光光度计；总磷的测定方法采用钼酸铵分光光法（《水质 总磷的测定 钼酸铵分光光度法》GB/T 11893—1989），仪器为722N型分光光度计。

3. 处理工艺与效果

结合国内外的农村污水工程设计实例，从处理效果、占地面积、操作管理的复杂性，尤其是运行费用等综合因素考虑，选用“厌氧水解酸化+人工湿地组合技术”的分散式处理工艺处理该村生活污水。

（1）工艺流程说明

村庄的生活污水通过格栅拦截作用去除污水中的漂浮物、悬浮物、杂质后，进入沉砂池，通过沉砂池的作用，将污水中密度较大的无机颗粒物沉淀去除后，污水进入调节池进行水质水量的调节后，进入后续的生化系统进行生化处理。

首先进入系统的厌氧水解池，在水解和产酸菌的作用下，将污水中大分子有机物分解为小分子有机物，使污水中溶解性有机物显著提高；在较短时间内和相对较高的负荷下获得较高的悬浮物去除率，改善和提高水的可生化性，有利于后续处理进一步降解。厌氧池出水进入人工湿地，污染物在人工湿地内经过过滤、吸附、植物吸收以及生物降解等作用得以去除，使污水处理达标排放。

格栅的栅渣、沉淀池、厌氧水解池、人工湿地以及生态沟需要定期进行人工清理与维护。

处理工艺流程见图9–2。

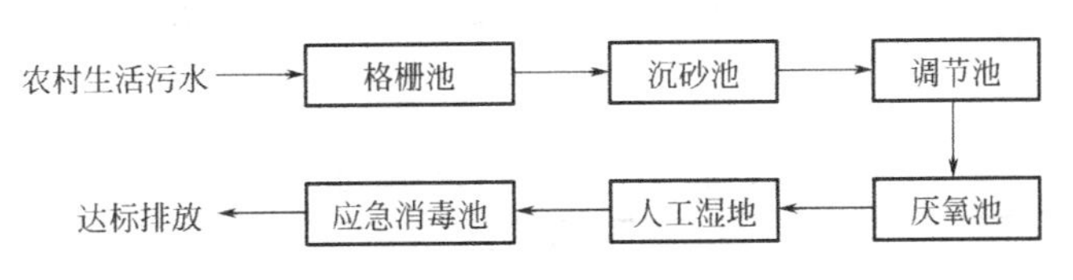

图 9-2　农村生活污水分散式处理工艺流程图

（2）主要工艺参数

格栅池规格：1.0m × 0.6m × 2.58m；沉砂池规格：4.0m × 2.0m × 2.5m；调节池规格：8.0m × 4.0m × 4.0m；厌氧水解池规格：8.0m × 4.0m × 3.2m，水力停留时间为10h；人工湿地规格：33.0m × 6.0m × 1.2m，水力停留时间为40h，水力负荷为0.30m^3/（m^2·d）；应急消毒池规格：8.0m × 1.0m × 1.2m。

（3）人工湿地处理系统机理分析

本工艺的人工湿地对废水的处理综合了物理、化学和生物3种作用。人工湿地运行稳定后，填料表面和植物根系中生长了大量的微生物形成生物膜，废水流经膜表面时，SS被填料及根系阻挡截留，有机质通过生物膜的吸附、水解、同化及异化作用得以去除。湿地床层中因植物根系对氧的传递释放，使其周围的微环境中依次呈现出好氧、缺氧和厌氧状态，保证了废水中的氮、磷不仅能作为营养成分被植物及微生物直接吸收，还可以通过硝化、反硝化作用及微生物对磷的过量积累作用从废水中去除，水生植物的输供氧量为25 ~ 30g/（m·d）。通过收割或更新基质层使污染物最终从系统中去除。人工湿地去除污染物的范围包括了N、P、SS、有机物、微量元素、病原体等。

（4）人工湿地运行设计

本工艺人工湿地基底由回填土组成，为避免松软填土层大量渗漏而引发湿地水量的过量损失，以及对地下水形成污染，采用“配土—平整—夯实”的措施处理，经过一段时间的自然淤塞，基层土的渗漏将逐渐降低并稳定在一定的水平。夯实场地上虚铺厚度约200mm的按一定比例搅拌均匀的砾石、碎石、砂子等填料，形成潜流过滤层。滤层上虚填300mm厚、含一定空隙率的种植土壤层，形成地表浅流层。

项目采用2级人工湿地并联处理形式，将单套人工湿地设计为2级，第一级为水平流潜流系统，污水从进口经砂石等系统介质，以近水平流方式在系统表面以下流向出口；第二级为垂直潜流系统，在整个表面设置配水系统，并周期性进水，系统下部排水，水流处于系统表面以下，可以排空水，并最大限度地进行氧补给。在此过程中，污染物得到降解，氧主要通过植物根部释放。项目湿地种植芦苇、香蒲、水葱、美人蕉等多种植物。

4. 工程处理效果

污水处理设施占地面积约200m^2，处理水量约为150m^3/d，造价55万元。近1年运行情况的监测平均数据表明，进水COD为205mg/L，出水COD为44.5mg/L，平均去除率78%；进水BOD为75mg/L，出水BOD为12.8mg/L，平均去除率83%；进水SS为125mg/L，出水SS为18mg/L，平均去除率86%；进水氨氮为30.6mg/L，出水氨氮为6.8mg/L，平均去除率78%；进水总磷为1.52mg/L，出水总磷为0.77mg/L，平均去除率49%，出水水质满足《城镇污水处理厂污染物排放标准》GB 18918—2002一级B标准，具体出水水质见表9-5所列。设备运行成本仅为水泵提升消耗的电费，每吨水约为0.05 ~ 0.1元；日常安排1人不定期维护即可；厌氧水解池1年清掏1次；秋冬季及时清理人工湿地的树叶杂物，防止堵塞，防止二次污染。

污水处理后平均水质（单位：mg/L） **表9-5**

项目	出水水质	排放标准
化学需氧量（COD_{cr}）	44.5	≤60
五日生化需氧量（BOD_5）	12.8	≤20
悬浮物（SS）	18	≤20
氨氮（以N计）	6.8	≤8
总磷（以P计）	0.77	≤1

附件一　水泵操作和日常管理

（一）水泵在起吊和下放过程的操作

首先将切换开关转入“停止”状态，断开电源，然后只能对起吊绳索进行提拉起吊或下放，不得对水泵电源线进行提拉，提拉过程中应缓慢进行，不得大幅度晃动提拉绳，以免水泵撞击池壁发生损坏。同时注意电源线不得缠绕提拉绳。

（二）水泵的维护管理

1. 检查水泵是否有异常噪声或振动。
2. 检查各部分螺栓、连接件是否有松动，如有松动的要加以紧固。
3. 检查进出水阀门是否开启。
4. 检查泵的工作状况、泵堵塞情况及泵坑中污泥蓄积情况。
5. 由于格栅及污水泵均安装在格栅集水池中，故检查水泵运行状况的同时，要检查格栅前的浮渣情况及格栅栅渣情况。
6. 检查与水泵连接的水管是否有脱落或者漏水情况。
7. 检查水泵是否漏电，是否可以正常启动，流量是否正常。
8. 泵的手动检查：将电控柜中对应控制水泵的控制开关扭转到手动位置，同时按下手动按钮，查看泵的开关情况。

附件二　部分运维记录表格式

行政村处理设施身份证　　附表 2-1

<table>
<tr><td>设施名称</td><td colspan="3"></td><td colspan="2">设施所在自然村</td><td></td></tr>
<tr><td>设施编码</td><td colspan="6"></td></tr>
<tr><td>经度E</td><td></td><td>度</td><td></td><td>分</td><td></td><td>秒</td></tr>
<tr><td>纬度N</td><td></td><td>度</td><td></td><td>分</td><td></td><td>秒</td></tr>
<tr><td>应接入户数（户）</td><td colspan="2"></td><td>应受益人数</td><td colspan="3"></td></tr>
<tr><td>已接入户数（户）</td><td colspan="2"></td><td>已受益人数</td><td colspan="3"></td></tr>
<tr><td>设计处理量（t/d）</td><td colspan="2"></td><td>设施总功率（kW）</td><td colspan="3"></td></tr>
<tr><td>带在线监测</td><td colspan="2">是/否</td><td>带远程监控</td><td colspan="3">是/否</td></tr>
<tr><td>处理工艺模式</td><td colspan="6">（从表下方*3选择）</td></tr>
<tr><td>设计出水水质标准</td><td colspan="6">（从表下方*4选择）</td></tr>
<tr><td>设施状态</td><td colspan="6">（从表下方*2选择）</td></tr>
<tr><td>终端建设单位</td><td colspan="6"></td></tr>
<tr><td>终端设计单位</td><td colspan="6"></td></tr>
<tr><td>终端施工单位</td><td colspan="6"></td></tr>
<tr><td>终端监理单位</td><td colspan="6"></td></tr>
<tr><td>管网建设单位</td><td colspan="6"></td></tr>
<tr><td>管网设计单位</td><td colspan="6"></td></tr>
<tr><td>管网施工单位</td><td colspan="6"></td></tr>
<tr><td>管网长（m）</td><td colspan="6"></td></tr>
<tr><td>管网材质</td><td colspan="6"></td></tr>
<tr><td>主管网管径</td><td colspan="6"></td></tr>
<tr><td>竣工日期</td><td colspan="6"></td></tr>
<tr><td>接收日期</td><td colspan="6"></td></tr>
<tr><td>运维日期</td><td colspan="6"></td></tr>
<tr><td>运维村监督员</td><td colspan="2"></td><td colspan="2">电话</td><td colspan="2"></td></tr>
<tr><td>运维镇监督员</td><td colspan="2"></td><td colspan="2">电话</td><td colspan="2"></td></tr>
</table>

续表

运维县监督员		电话		
设备列表				
设备名称	型号	安装日期	类型	功率（kW）
			（从表下方*1选择）	
处理设施不正常情况				
接户设施				
管网设施				
终端设施				

*1．设备类型：[土建、机电、监测、监控] 中选一。
*2．设施状态：[建设、运维、大修、重建、报废] 几类中选择填写。
*3．处理工艺模式：

No.	工艺类别
1	化粪池（CSP）
2	氧化沟（OXD）
3	前段缺氧—后段好氧串联法（AOX）
4	厌氧—缺氧—好氧三结合法（AAO）
5	间歇式活性污泥法（SBR）
6	深井曝气池（DWA）
7	膜生物反应器（MBR）
8	植物生态式人工湿地系统（AWL）
9	介质复合型人工湿地系统（PKA）
10	地下土壤渗滤净化系统（UGS）
11	生物滤池（BFP）

续表

No.	工艺类别
12	稳定塘（STP）
13	一体化污水处理设备（ITE）
14	厌氧生物处理（ABT）

多技术同时使用时，用+号串联：化粪池（CSP）+氧化沟（OXD）。
如果有未列出的处理工艺，请使用以下格式：#未列出工艺类别（英文缩写）。

*4. 设计出水水质标准：

No.	水质标准
1	《农村生活污水处理设施水污染物排放标准》DB 33/973—2015 一级
2	《农村生活污水处理设施水污染物排放标准》DB 33/973—2015 二级
3	《污水排入城镇下水道水质标准》GB/T 31962—2015 一级
4	《污水排入城镇下水道水质标准》GB/T 31962—2015 二级
5	《城镇污水处理厂污染物排放标准》GB 18918—2002 一级 A
6	《城镇污水处理厂污染物排放标准》GB 18918—2002 一级 B
7	《污水综合排放标准》GB 8978—1996 一级
8	《污水综合排放标准》GB 8978—1996 二级
9	其他（自填）

行政村处理设施巡查、检查记录表 **附表 2-2**

<table>
<tr><td colspan="4">巡查检查日期： 年 月 日 □上午 □下午</td><td>天气：□晴；□阴；□雨</td></tr>
<tr><td>自然村</td><td></td><td>设施代码</td><td></td><td>巡查、检查人员 </td></tr>
<tr><td colspan="5">巡查内容</td></tr>
<tr><td rowspan="8">终端设施</td><td>处理工艺</td><td colspan="3"></td></tr>
<tr><td>进水水量</td><td>□正常 □不正常</td><td rowspan="2">出水口</td><td>外观：□清 □浊</td></tr>
<tr><td>出水水量</td><td>□正常 □不正常</td><td>臭气：□无 □微 □有</td></tr>
<tr><td colspan="2">设备情况</td><td colspan="2">构筑物情况</td></tr>
<tr><td>格栅</td><td>□外观完好，栅渣不明显；□发生破损或锈蚀；□栅渣需清掏；□其他问题</td><td>集水井/调节池</td><td>□正常；□池底淤积物严重；□表面漂浮物严重；□池体漏水；</td></tr>
<tr><td>控制柜</td><td>□正常；□外观破损或锈蚀；□按钮标志不明显；□指示灯异常；□电器元件异常；□线路固定不整齐；□其他问题</td><td>初沉池</td><td>□正常；□池底淤积物严重；□表面漂浮物严重；□池体漏水；□进出水不顺畅；□其他问题</td></tr>
<tr><td>风机</td><td>□正常；□运行异响；□固定不稳固；□风压异常；□运行过热；□曝气管路破损或堵塞；□不工作；□其他问题</td><td>厌氧池/兼氧池</td><td>□正常；□池底淤积物严重；□表面漂浮物严重；□池体漏水；□填料稀少或无；□进出水不顺畅；□其他问题</td></tr>
</table>

续表

巡查检查日期： 年 月 日 □上午 □下午				天气：□晴；□阴；□雨	
自然村		设施代码		巡查、检查人员	

巡查内容				
	设备情况		构筑物情况	
终端设施	提升泵	□正常；□管口连接不牢固；□堵塞或异响；□电线不整洁不安全；□不工作；□其他问题	好氧池	□正常；□池底淤积物严重；□表面漂浮物严重；□池体漏水；□曝气量异常或不均匀；□进出水不顺畅；□其他问题
	回流泵	□正常；□管口连接不牢固；□堵塞或异响；□电线不整洁不安全；□不工作；□其他问题	沉淀池	□正常；□池底淤积物严重；□表面漂浮物严重或大量污泥上浮；□池体漏水；□进出水不顺畅；□其他问题
	流量计	□正常，累积流量，读数：__________ 瞬时流量，读数：__________ □仪表无显示；□流量显示异常；□电线不整洁不安全；□其他问题	人工湿地	漫水情况：□有；□无 是否堵塞：□有；□无 植物生长情况：□好；□坏 其他问题：
	管道及阀门	□完好；□破损或脱落或渗漏；□阀门无法旋转；□其他问题	出水井	□正常；□池底淤积物严重；□表面漂浮物严重；□池体漏水；□进出水不顺畅；□其他问题
	控制房	□好；□坏	终端场地环境	□完好；□一般；□脏乱差；□绿化设施需维护养护
	液位控制系统	□正常；□不正常	终端围栏	□完好；□局部破损需维修；□植物围栏需养护；□其他问题
	告示牌	□完好；□字迹不清；□固定不牢固；□歪斜；□需更换	各类井口及井盖	□完好；□部分井盖破损；□部分井盖需更换；□其他问题
	在线监控设备	□完好；□异常；□表面淤积物严重	阀门井	□正常；□井底有积水；□井内杂物淤积；□其他问题
	其他设备		其他设施	
管网设施	管网	□好 □坏 □堵塞	其他问题	
	窨井	□好 □坏 □淤积物严重，井编号：		
	路面	□好 □坏		
	窨井盖	□好 □缺失 □破损，井编号：		
接户设施	接户管	□好 □破损 □堵塞		
	接户井	□好 □破损 □淤积物严重		
	户用化粪池或隔油池	□好 □破损 □堵塞 □粪便满		
	厨房清扫井	□好 □破损 □淤积物严重		
道路		□好 □破损 □沉降		

备注：1. 运维人员在巡查、检查过程中发现问题在相应的“□”内打“√”，巡查图片在办公室电脑备存。

行政村处理设施养护记录表

附表 2-3

养护日期	养护时间	自然村名	设施代码	养护的设施	养护项目及内容	养护后状况	养护人员	备注

养护的设施（填：1农户端设施，2管网设施，3终端设施）。

行政村处理设施维修记录表　　　　**附表 2-4**

维修日期	维修时间	自然村名	设施代码	维修的设施	维修项目及内容	维修途径	维修后状况	维修落实人员	备注

维修的设施填：1农户端设施，2管网设施，3终端设施。

维修途径填：1现场维修，2返厂维修，3更换。

行政村处理设施进、出水水质自检记录表 **附表 2-5**

采样日期	年　月　日　□上午　□下午		天气：□晴；　□阴；□雨	
自然村		工艺模式		
设施代码			采样人员	

水质自检结果

采样位置	项目名称	单位	结果指标	判定指标	是否合格	备注
进水水质	pH	无量纲				
	化学需氧量（COD）	mg/L				
	氨氮（NH_3-N）	mg/L				
	总磷（TP）	mg/L				
	悬浮物（SS）	mg/L				
	粪大肠菌群	个/L				
	动植物油类①	mg/L				
	颜色气味					
出水水质	pH	无量纲				
	化学需氧量（COD）	mg/L				
	氨氮（NH_3-N）	mg/L				
	总磷（TP）	mg/L				
	悬浮物（SS）	mg/L				
	粪大肠菌群	个/L				
	动植物油类①	mg/L				
	颜色气味					

注①：仅针对含农家乐废水的处理设施